U0168784

濒危
植物图鉴

［英］艾德·伊金　著
李红侠　译

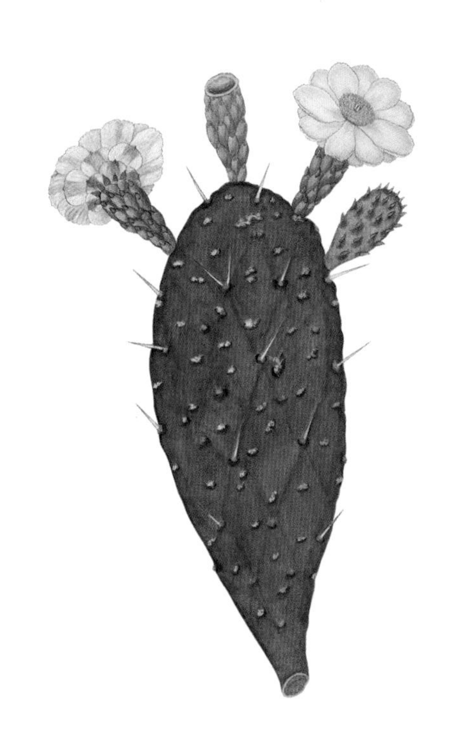

重庆出版集团 重庆出版社

版贸核渝字（2020）第 100 号
Kew Trove: Rare Plants by Ed Ikin

Originally published in 2020 by Welbeck, An imprint of the Welbeck Publishing Group

图书在版编目（CIP）数据

濒危植物图鉴 / (英) 艾德 • 伊金著；李红侠译 . —重庆：重庆出版社，2021.6
ISBN 978-7-229-15833-0

Ⅰ. ①濒… Ⅱ. ①艾… ②李… Ⅲ. ①濒危植物—普及读物 Ⅳ. ① Q111.7-49

中国版本图书馆 CIP 数据核字 (2021) 第 089284 号

濒危植物图鉴
BINWEI ZHIWU TUJIAN
[英] 艾德 · 伊金 著 李红侠 译

丛书策划：李 子 李 梅
责任编辑：李 子 李 梅
责任校对：李小君

重庆出版集团
重庆出版社 出版
重庆市南岸区南滨路 162 号 1 幢 邮政编码：400061 http://www.cqph.com
重庆一诺印务有限公司印刷
重庆出版集团图书发行有限公司发行
E—MAIL:fxchu@cqph.com 邮购电话：023—61520646
全国新华书店经销

开本：889 mm×1194 mm 1/16 印张：13.75 字数：300 千
2022 年 1 月第 1 版 2022 年 1 月第 1 次印刷
ISBN 978-7-229-15833-0
定价：268.00 元

如有印装质量问题，请向本集团图书发行有限公司调换：023—61520678

Nepenthes distillatoria *fœmina*.

致谢

本书的完成要感谢了不起的邱园团队：莉迪亚、裴和吉娜。感谢他们的研究成果、专业知识和给予本书的支持。

还要感谢邱园科学和园艺学的专家同行们，感谢他们渊博的知识：感谢保罗·威尔金博士、詹姆斯·博雷利博士、亚伦·戴维斯博士，谢谢你们在与埃塞俄比亚有关的知识方面给予的支持；感谢奥尔温·M.格雷斯博士在库拉索芦荟和新的研究方法方面提供的支持；感谢迈克尔·韦博士让我们记住那些在英国不该被遗忘的植物；感谢贾斯汀·莫特博士解开遥感的神秘，凯特·哈德威克博士所做的修复工作；感谢蒂姆·皮尔斯揭开了非洲紫罗兰的面纱，埃丽诺·布雷曼博士和科林博士两位环境保护专家的见解；感谢伊恩·帕金森和乔文翰有关草甸及其繁殖的知识，理查德·威尔福德有关雪滴花的专业知识，蒂齐亚娜·朱利安博士讲述了自然的价值，劳拉·朱伊特和卡洛斯·马格达莱纳讲述了如何种植世界上最珍稀的植物。

最后，要感谢我最亲爱的家人：卡罗琳、汤姆和奥利弗。他们的好奇心是我们每天前进的动力。感谢英国皇家植物园邱园团队的以下人员：邱园图书馆、艺术档案馆的克雷格·布拉夫、茱莉亚·巴克利、凯特·哈灵顿、安妮·马歇尔、林恩·帕克和基里·罗斯-琼斯；还要感谢保罗·里特尔所做的数字化工作；感谢威尔贝克出版社的伊西·威尔金森。

目 录

ARAUCARIA IMBRICATA *Pav.*

Chili. *Plein air.*

前言

从卢旺达温泉周围的泥土到菲律宾的山脊，植物已然进化到在地球上的任意偏远角落都能找到生存之地。植物的生存需要依赖于恒定的环境、特定的传粉者或是独特的种子传播方法，它们与周围环境的关系颇为脆弱。

人类与自然关系的改变，导致曾经丰富的植物物种正变得稀少，有些原本就稀少的植物物种正濒临灭绝。人类对自然从管理和互惠共生转向了无节制的开发利用，从而对生物多样性造成了不可挽回的伤害。食草动物被人类从远方引入到未经开发的草原，致使当地的某些植物灭绝。与此同时，全球贸易导致了病虫害的传播，缺乏免疫力的物种将受到感染，变得脆弱，乃至死亡。

气候剧变使情况变得更加糟糕，将已然饱受摧残的植物群落推向灭绝的边缘。干旱、暴雨和飙升的气温正在建立一个新的生存环境，使得原生植物再无之前那般繁茂。人类活动带来新的植物入侵，这些新植物迅速侵占被破坏的栖息地，战胜脆弱的本地物种，成为新的赢家。

本书展示了来自英国皇家植物园图书馆、艺术档案馆的大量插图，探索植物的珍稀之处，颂扬进化的非凡力量。进化使得植物在这个星球上找到了自己的生态位——无论其位置多么偏远，生存环境多么恶劣。从智利到查塔姆群岛，从喜马拉雅山到赫里福德郡，通过全球范围的考察，本书探讨了植物可能面临的各种威胁以及导致植物生物多样性丧失的经济原因。

面临栖息地丧失和物种灭绝等问题，人类正在探寻解决办法，未来还是充满希望的。杰出的科学家们、自然资源保护主义者们和园艺家们与当地政府和社区合作，正致力于发现新的物种，保护生物多样性，开发新的繁殖方法来拯救濒危植物。

这是一场与时间的赛跑，不过在 DNA 测序、大面积栖息地遥感和物种分布建模等方面的进展，为植物保护工作增添了强有力的新型工具。为了阻止生物多样性的丧失，英国皇家植物园邱园携手世界各地的合作伙伴们对濒危植物的种子进行了储存，建立保护栖息地的证据，并展开对野生植物未来用作农作物、药物和纤维的价值研究。

通过了解自然的价值，我们得出一个结论：只要人类保护自然，自然必将造福人类——一种新的保护策略将会形成。有一些植物是生而稀有，而另一些植物则是因为人类的活动而变得稀有。了解生物多样性丧失的原因以及现存物种的价值，进而阻止生物多样性的丧失，尚为时不晚。

艾德·伊金

对页图：
智利南洋杉，路易斯·范·豪特，《欧洲的温室和园林花卉》，1845 年。

格兰迪迪耶猴面包树 / *Adansonia Grandidieri*

猴面包树，猴面包树属，是一种高度分散的野生植物，分布于澳大利亚、非洲南部和马达加斯加等地，它曾被认为是超大陆冈瓦纳大陆的遗留物种，最近的研究表明，是史前人类传播了这种植物。

有六种猴面包树为马达加斯加所独有。它们是岛上生态的基石，也是马达加斯加文化和精神信仰的核心，有时被称为“森林之母”。马达加斯加的猴面包树命运各不相同，有些种群数量相对稳定，另一些则越来越稀少。格兰迪迪耶猴面包树（又称大猴面包树）只生长在马达加斯加西南部的干旱森林中，其数量的下降情况令人担忧。

猴面包树独特的外形（球根状膨胀的树干、细小的根状树冠）赋予了它非凡的功能。这种树在极端干旱的条件下也能存活，适合在旱地生长。由于其茎肉质化的特性，格兰迪迪耶猴面包树的树干就是一个大型的储水器官，能够容纳 1000 多升的液体。这种偶然形成的植物形态使其无需从土壤或雨水中获取水分就可以在旱季发叶生长。

这一物种的生态构建和它的生理构造同样引人注目。夜间，它通过狐猴和草色果蝠完成授粉，结出的果实因富含营养而具有很高的价值。猴面包树的果实含有丰富的维生素,是一种可食用的水果。尽管大部分果实是在当地采摘并被直接消耗，但化妆品公司会从落下的果实中收集种子，通过压榨的方式将它们制成一种适用于皮肤的化妆油。据报道，这种产品在海外市场十分受欢迎。尽管这种贸易及其做法需要谨慎监管，但互惠贸易换得的收入也许能够为马达加斯加格兰迪迪耶猴面包树的保护工作提供支持。

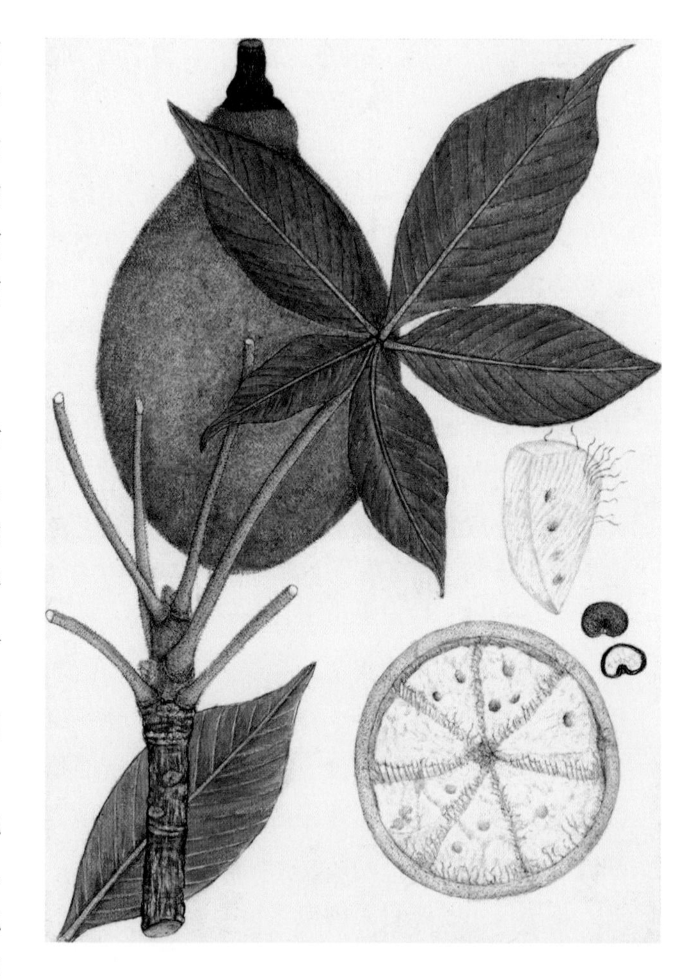

上图：
猴面包树的原画插画，奥利弗·H.科茨·帕尔格雷夫为《非洲中部的树木》所创作，1957 年。

对页图：
格兰迪迪耶猴面包树的照片，阿尔弗雷德·格兰迪迪耶拍摄，摘自《马达加斯加博物志》，1882 年。

猴面包树树皮的价值及其广泛的用途开始影响这种树木的生存。用猴面包树树皮制成的绳子经久耐用，深受放牧人、建筑工人和独木舟制造者的欢迎。它在传统的马达加斯加治疗缺钙的药物中也发挥着不俗的效用。树皮的广泛用途赋予

了它相当大的经济价值，树皮交易导致对猴面包树的采伐正从可持续性向掠夺式的开发性采伐转变，对树木的过度剥皮降低了树木的活力，影响了它们的再生恢复。

尽管猴面包树适应了恶劣的环境，包括森林大火和有限栖息地的干扰，但越来越多的证据表明，马达加斯加西南部猴面包树的植物群落正在丧失生存能力。为了开发农业而进行的土地开垦正在加速，火灾越来越频繁，破坏了幼树的再生，而且有证据表明制糖业造成的水污染也影响了猴面包树的生存。猴面包树是一种寿命非常长的树，能够生长上千年，它们的繁殖和再生都很慢，而它们面临的威胁却在快速增长，这确实是一个严重的问题。

对格兰迪迪耶猴面包树未来生存能力的研究是及时的：在它的分布范围内仍然有大约100万棵树，其面临的威胁也已经明确，复杂的模型已经计算出了该物种未来的衰落前景，为积极采取保护措施提供了至关重要的远见卓识。《世界自然保护联盟（IUCN）濒危物种红色名录》将其列为“濒危”物种，既是对其当前面临危机的一份声明，也是对其未来可能面临的危险境地的一份警示，吹响了现在就需要对其采取保护行动的号角。

只有通过更好地管制树皮制品的当地贸易，进一步发展合理的种子油互惠贸易模式，才能减少对猴面包树掠夺性的开发利用。目前授权当地社区行使对猴面包树林地的管理权已经取得成效，发展苗圃种植幼树正显示出希望。这些保护行为可以作为其他物种保护的榜样吗？答案尚不明确，但这是一个基于先进模型主动的、多链管理的方法，它意味着只要立即行动，一切尚为时不晚。

上左图：
猴面包树的原画插画，由奥利弗·H. 科茨·帕尔格雷夫创作，参见《非洲中部的树木》，1957年。

上右图：
格兰迪迪耶猴面包树的腊叶标本，于1926年采集，展示于英国皇家植物园邱园。

对页图上图：
印度坦约尔公主花园里的非洲猴面包树，玛丽安娜·诺斯绘制，1878年。

对页图下图：
猴面包树，托马斯·贝恩斯绘制，1861年。

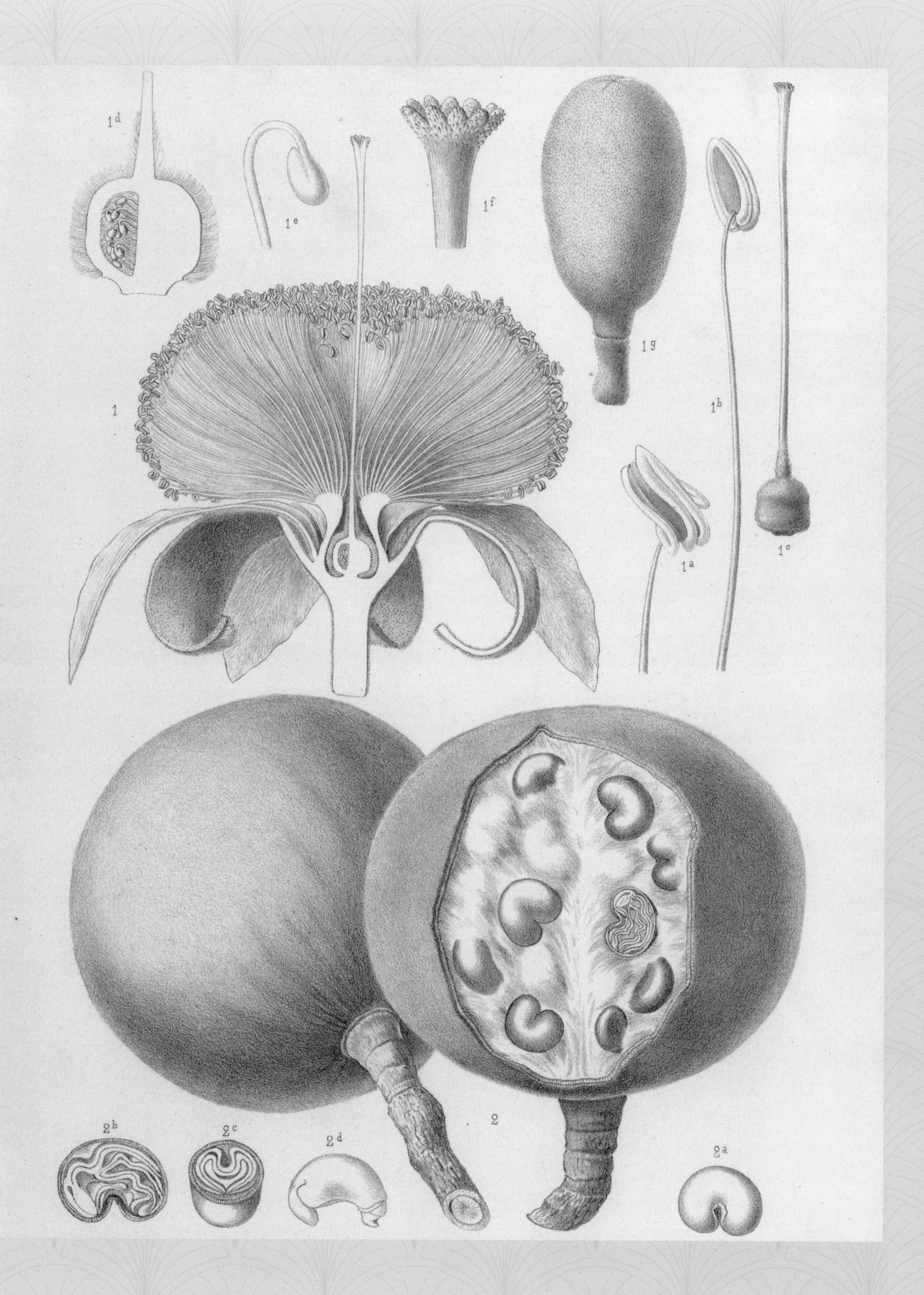
1d
1e
1f
1g
1
1b
1a
1c
2b
2c
2d
2
2a

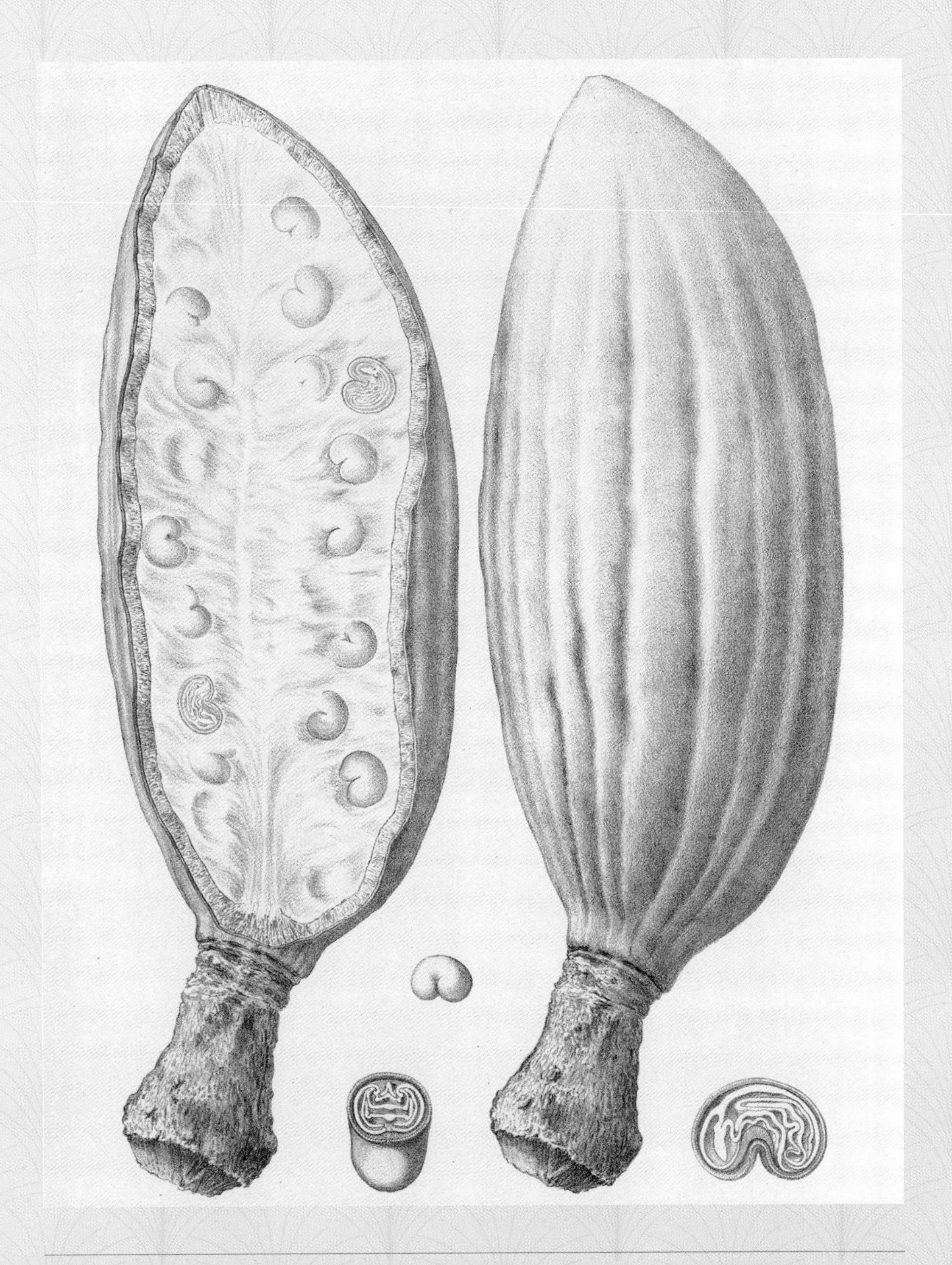

由安德烈·雷维隆·德阿普雷瓦尔绘制的猴面包树，参见阿尔弗雷德·格兰迪迪耶，《马达加斯加博物志》，1882年。

这部多卷本的作品是法国博物学家、探险家阿尔弗雷德·格兰迪迪耶（1836—1921）在岛上多年研究的成果。格兰迪迪耶被认为是研究马达加斯加动植物界的第一权威，他记录的新物种中的许多物种都以他的名字命名，包括格兰迪迪耶猴面包树。他对当地景观的观察，都记录在这部多卷本的书籍中。同时，基于他的观察绘制了马达加斯加岛的地图，后来的许多探险者都使用了这张地图。

库拉索芦荟 / *Aloe vera*

库拉索芦荟像是谜一样的存在。作为一种野生植物，它分布广泛却不知起源于何处，但随着研究方法的不断创新，这一谜团将慢慢地被揭开。世界上几乎没有比库拉索芦荟分布更广泛的植物了，它生长在全球各地，但凡是阳光明媚的窗台上，总能看到它那令人熟悉的、尖尖的叶子。芦荟凝胶、芦荟果汁、芦荟酸奶、芦荟洗发水和芦荟保湿剂，所有这些制品都得益于其独特的营养价值，全球范围内相关的工业都因它而获利匪浅。

“多肉植物”被广泛用于描述那些为适应干旱而进化的植物，库拉索芦荟就是其中之一。库拉索芦荟有经过特殊进化的多肉组织，用来储存水分，根据光合作用强弱的变化，它的毛孔在白天关闭，在晚上打开，从而最大限度地减少水分的流失。从植物多肉组织中渗出的黏液蕴藏着一个秘密，一个使人类获利的秘密：一种以治愈疾病而闻名的产品。然而，即便库拉索芦荟在治疗疾病方面声名在外，但临床数据表明其治疗功效并不尽如人意。

已发现库拉索芦荟含有多种对人类可能有益的植物化学物质，但临床上对其治愈能力仍持谨慎态度。库拉索芦荟对小鼠的消炎作用曾被提及，也有例子证明它可以治愈烧伤和愈合伤口，但其机制尚不明确。另一种库拉索芦荟产品，是从叶子的瘀伤处渗出的黄色芦荟汁液，它可以用来清除体内的毒素，但医疗机构认为它含有毒性。

库拉索芦荟主要产于南美洲北岸附近的库拉索、阿律巴及博内尔小岛。它曾经属于百合科，现在，芦荟这一植物属类中的500个物种被归于阿福花科，这一科类还包括火炬花这种庭园花卉。

对页图：
库拉索芦荟，约翰·威廉·魏因曼绘制，摘自《植物图鉴》，1737年。

右图：
库拉索芦荟，沃尔特·胡德·菲奇绘制，摘自《柯蒂斯植物学杂志》，1877年。

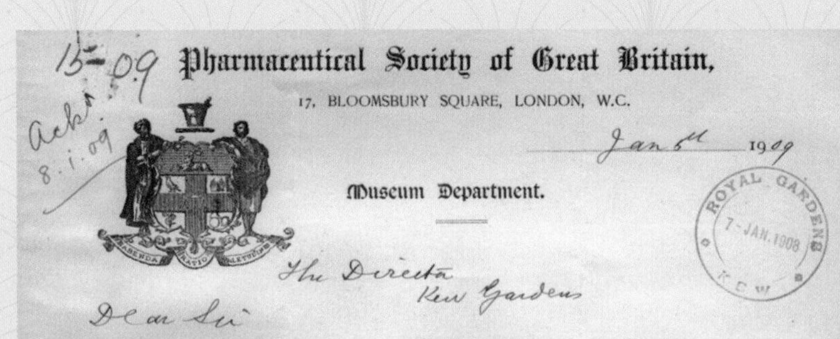

15-09

Ack. 8.1.09

Pharmaceutical Society of Great Britain,

17, Bloomsbury Square, London, W.C.

Jan 6th 1909

Museum Department.

ROYAL GARDENS 7 JAN 1909 KEW

The Director
Kew Gardens

Dear Sir

I have just had sent to me a leaf & a fruit spike & some seeds of the aloe which yields the opaque aloes mentioned in Pharmacographia 2nd p. 686 as Natal aloes, & of which the botanical source was unknown to her. Ever since that date (1879) i.e. for 20 years I have been trying in season & out of season to get the plant & have only just succeeded. Some seeds were sent, & as these seem quite fresh I am sending you a few to grow. I compared my leaf & fruit spike at Kew Herbarium yesterday & so far as I can make out it is probably a new species that has been described under the name a varietal name under A. ferox. It seems to me that several species are confused under that name. The aloes yielded by this aloe is quite different from that of Aloe ferox. I showed Dr N E Brown my specimen. He is going I believe to look over the Aloe ferox group. The plant I have is now apparently in cultivation at Sir Thos Hanbury's Garden. I am

Pharmaceutical Society of Great Britain,

17, Bloomsbury Square, London, W.C.

19

Museum Department.

writing to see if I can get a flowering specimen from there, as I want to publish the botanical source of the aloe after taking so much trouble in the matter. The seeds I enclose seem to be in good condition. I left a few with a capsule or two with Dr Brown for the Herbarium.

I am Dear Sir
Yours faithfully
E M Holmes

The plant so far as I could make out in the absence of flowers is the Aloe ferox var xanthostachys Berger & the Aloe supralaevis β Hanburii of the Flora Capensis vol VI. p. 327. But it is probably a distinct species. Baker's supralaevis is prickly on upper surface & the inflorescence is different to the true supralaevis.

1909年1月6日，英国医药学会会长爱德华·莫雷尔·福尔摩斯写给英国皇家植物园园长大卫·普雷恩爵士的信。

福尔摩斯写信给普雷恩，向他描述了一种潜在的芦荟新品种，这一品种在《药物学杂志》中被称为纳塔耳芦荟，其学名不详。他认为这是一个不同于好望角芦荟的物种，并翻找查阅了许多物种资料以确认其种类。福尔摩斯说他会尽力获得花的标本，并会随信附上种子，以供普雷恩培育。大卫·普雷恩爵士在1905年至1922年担任英国皇家植物园邱园的园长。作为一名对植物学感兴趣的资深医生，普雷恩起先在印度医疗服务队任职，后来成为加尔各答皇家植物园的植物标本馆馆长和植物园园长，直到1905年，他才来到英国皇家植物园就职。

对页图：
库拉索芦荟，皮埃尔·约瑟夫·赫杜德 绘制，摘自奥古斯丁·皮拉摩斯·德·康多乐，《多肉植物的历史》，1799—1837年。

火炬花属植物的造型令人惊艳：壮观的橙色、红色和黄色的花穗从它们坚硬多肉的叶子中伸出。这种长管状的花朵很适合昆虫和鸟类传粉，例如南非的太阳鸟就是其常客。

尽管库拉索芦荟的生长地域极为广泛，但在野外并没有发现它的踪影，也没有有关它是如何

灭绝的记载。邱园的科学家奥尔文·格雷斯博士正领导科研小组在调查其真正的起源。揭开库拉索芦荟之谜的调查，从一开始就为养殖库拉索芦荟的供应产业带去财富。通过了解栽培作物和野生植物之间的差异，并对其中的DNA进行测序，就可以在它们之间建立联系。测序库拉索芦荟属的DNA序列并将其与该属的其他成员进行比较，就构建成了一个独特的分子系谱，这就是众所周知的系统发育学。物种分离与结合，新型植物科类的创造，新的、尚未被发现的物种踪迹，DNA测序改变了我们对植物间关系的理解。物种之间的亲缘关系可以通过分枝图表示，分枝图说明了其共同的祖先及同源分支亲属。

一个新物种何时开始形成，与其祖先物种产

Aloe vulgaris.

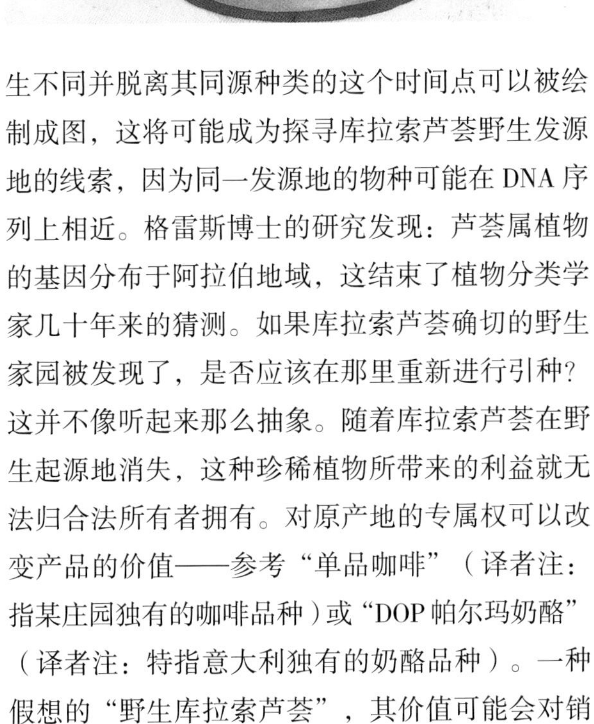

生不同并脱离其同源种类的这个时间点可以被绘制成图，这将可能成为探寻库拉索芦荟野生发源地的线索，因为同一发源地的物种可能在DNA序列上相近。格雷斯博士的研究发现：芦荟属植物的基因分布于阿拉伯地域，这结束了植物分类学家几十年来的猜测。如果库拉索芦荟确切的野生家园被发现了，是否应该在那里重新进行引种？这并不像听起来那么抽象。随着库拉索芦荟在野生起源地消失，这种珍稀植物所带来的利益就无法归合法所有者拥有。对原产地的专属权可以改变产品的价值——参考“单品咖啡”（译者注：指某庄园独有的咖啡品种）或“DOP帕尔玛奶酪”（译者注：特指意大利独有的奶酪品种）。一种假想的“野生库拉索芦荟”，其价值可能会对销售它的地区产生变革性的影响——这一发现不仅能使库拉索芦荟回到它的家乡，还能赋予其新的用途。

对页图：
库拉索芦荟，约翰·西布索普绘制，1823年。

上左图：
库拉索芦荟，约翰·威廉·魏因曼绘制，摘自《植物图鉴》，1737年。

上右图：
库拉索芦荟，西奥多·弗里德里希·路德维希·内斯·冯·艾森贝克绘制，1828年。

3

智利南洋杉 / *Araucaria araucana*

作为智利的国树，智利南洋杉在远离其发源地南美山区的地方找到了一个新家：英国皇家植物园韦园之中。这种树外形宏伟，浑身布满像爬行动物一样的鳞片，能够存活2000年。这位来自远方的“客人”能够轻松地适应英国庭院的气候环境，说明英国所处的温带气候十分适宜植物生长。智利南洋杉在英国庭院的成功移栽与其在故乡遭受的挑战形成了鲜明的对比：火灾肆虐、过度放牧和砍伐树木，智利南洋杉在其故乡智利和阿根廷正处于危境。

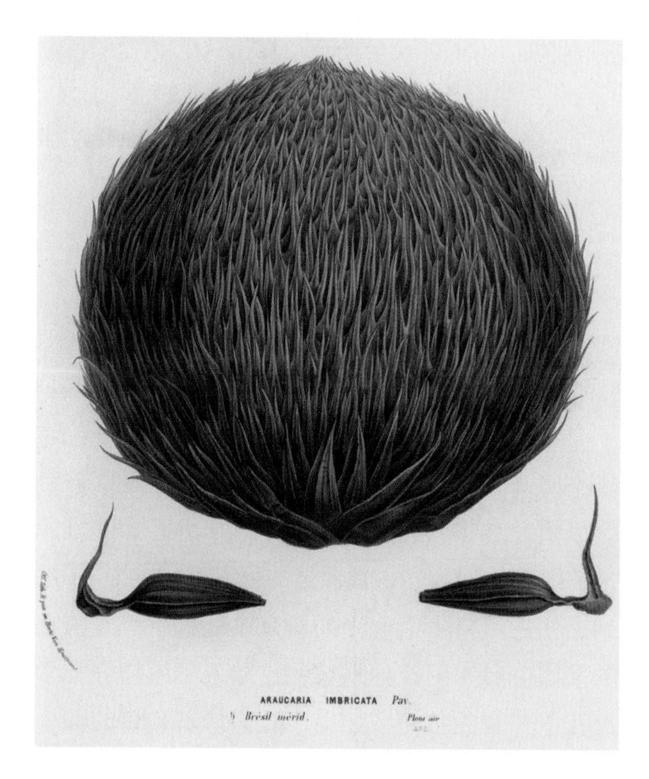

上图：
智利南洋杉，路易斯·范·豪特，《欧洲的温室和园林花卉》，1862—1865年。

对页图：
智利南洋杉，路易斯·范·豪特，《欧洲的温室和园林花卉》，1845年。

智利南洋杉分布于智利和阿根廷的中部山区，生长在海拔600到1600米之间，这里夏季凉爽潮湿、冬季寒冷。在智利境内，该树分布于比奥比奥和瓦尔迪维亚之间；在阿根廷，它则占据了整个内乌肯省。

智利南洋杉能够适应严酷的生活环境，包括那些布满岩石或临近火山的栖息地。当火山爆发毁灭了一片土地上的所有生物后，它能够迅速地在该区域生根发芽。其坚硬的鳞状叶片（进化而成，为了抵御觅食的恐龙）在强壮的枝干周围盘旋而生，随着树龄的增长会变得越来越尖细。

随着树龄的增长，该树木表现出三种不同的生长模式。幼年期的智利南洋杉树干笔挺骄傲地直立。在潮湿的夏季，它们的树干能够长到约1米高。中年时期的智利南洋杉生长为一个复杂的金字塔形状，树枝层层叠叠地交织在一起。成年的树木像一把直立打开的雨伞——这些螺旋形的树枝离地40到50米，而下部的树枝因为多年夏季干旱脱落，只剩下树干裸露在外面。

凝视一棵高大、成熟的智利南洋杉的树冠，你可能会发现一些直径达20厘米的巨大球果。这些球果类似于有盔甲的椰子，能够容纳200粒种子。智利南洋杉是雌雄异株的植物，有雌树和雄

树之分。

智利南洋杉是优质的木材资源，其树干纹理笔直、没有球结。随着智利国家基础设施建设的发展，智利南洋杉为其提供了坚固耐用的铁轨枕木。同时，这些用途广泛的树木也推动了木工工艺的发展——从钢琴到滑雪板无所不包。在它们布满尖刺的球果里，藏着富含蛋白质的种子，这些种子热量高，味道鲜美。智利的原住民将球果做成果泥，油炸或煮熟，这样烹饪出来的球果，其味道常常被比作甜栗子。

在大洋彼岸的英格兰惠特比——这里是德古拉、哥特人的故乡，有着优质的海滨资源——游客们通常以购买惠特比黑玉这样的纪念品来结束这趟完美的旅程。购买者在欣赏他们新购得的珠宝时可能会惊讶地发现，这种高密度、耀眼明亮的黑玉是用智利南洋杉化石做成的，它将约克郡的现在与远古联系起来，人们仿佛看到恐龙正漫步于现代社会的田园风光中。

园艺为植物创造了新的生活环境，有时将它们驯化成如同绅士一般的温文尔雅，有时鼓励它们在园内释放野性、恣意生长。把智利南洋杉从安第斯山坡上的森林移栽至庭院中，变为纯粹的观赏标本，减少了这种高贵树种本身所具有的粗犷。如果花园足够大，可以容纳好几棵智利南洋杉，那么，将它们置于较大片的土地上，观赏起来最为适宜。

毫无疑问，智利南洋杉在凉爽湿润的花园气候中生长得最为茂盛，这一点在英格兰沿海的德文郡和康沃尔郡、爱尔兰和苏格兰西海岸等地表现得尤为明显。干燥的气候迫使树木掉落多余的下部枝干以减少水分的蒸发，从而产生了难看的

对页图：
智利南洋杉，路易斯·范·豪特，《欧洲的温室和园林花卉》，1877 年。

上图：
智利南洋杉的雄性球果，玛丽安娜·诺斯绘制，大约 1880 年。

F.J. Dürr See Regels Gartenflora 1865 p. 103

BOTANIC GARDENS AND NURSERY.

E. TIDMARSH, Curator.

Grahamstown, Augt 19 1901

Sir W Thiselton Dyer

Dear Sir

I this day post to you seeds of Araucaria Bidwillii in two different stages of their peculiar method of germination which is not noted in any work to which I have access, the germination of Rhizophora, as shown by Karner & Oliver, is in some respects similar. The germination of Araucaria excelsa, is, so far as I now remember, much as other of the conifers, A Brasiliana germinate after the way of Palms, Crinums &c, the root thrust into the soil and the plumule rising from some point above the surface of the soil, the seeds still containing the cotyledons remaining attached for a considerable time

Examination of the specimens now sent will show that the radicle having penetrated the soil, there developes into a woody, carrot like extension, the future base from which the tree is to proceed, the long root then separates at the top of the carrot-like process leaving free the point of the leading shoot, which after some weeks begins to extend, producing minute leaves

Of course person who have grown these trees

BOTANIC GARDENS AND NURSERY.

E. TIDMARSH, Curator.

Grahamstown, 189

from the seeds must be acquainted with the facts as stated above; some twenty years or more back I had sent to me some of these "wooden Carrots" which had been recovered from a wreck, and from these we grew a number of fine trees, I should not be surprised to hear that the one now sent to Kew was on arrival still in a condition to grow, this would be an interesting fact

I may further mention that our trees of A Bidwillii for years produced female cones only, a year ago however, during an extreme drought the trees gave a crop of pollen bearing cones, the result being that we got a supply of fertile seed, or should we say fruit? If I remember rightly, some 30 years since, the Araucaria Bidwillii in the large Conservatory at Kew gave male cones on what had till then thought to be a female tree

I remain

Faithfully yours

E Tidmarsh

P.S. Should the particulars be in your opinion worthy of publication perhaps you would bring the facts to notice in the proper quarter ET

格雷厄姆斯敦植物园园长埃德温·马什写给邱园园长威廉·西赛尔顿－迪亚爵士的信，1901年8月19日。

马什在格雷厄姆斯敦植物园担任园长超过30年，他随信寄出了南洋杉不同萌发阶段的种子，在信中描述了种子的状态及其未来的形态，包括成年南洋杉结出的球果类型。

“牙签”状标本——这并不是该物种本来的样子。

然而，智利的国树在其本土栖息地正面临巨大的困境。在《世界自然保护联盟（IUCN）濒危物种红色名录》中，智利南洋杉被列为“濒危”物种，人类砍伐树木，焚烧树林和过度放牧，使连绵不绝的智利南洋杉林支离破碎。智利南洋杉已经适应了火灾，它们能够在火灾肆虐后的土地上重新发芽，但是人类越来越频繁地烧毁树林，火灾的强度也越来越大，超过了它们再生的能力。一个地区的智利南洋杉被破坏殆尽后，人类通常会重新种植生长周期较短的外来树种，如桉树。智利南洋杉在人类出现很久之前就进化了，它缓慢的再生速度意味着如今它正被快速变化的

环境带向覆灭之路。

英国皇家植物园与智利合作，在保护这一物种方面发挥着至关重要的作用，它们收集了受到威胁的野生智利南洋杉种子，并在标本园中进行栽培。智利南洋杉生理上的一个特征使得另一个主要的保护工具——种子库——变得毫无意义。种子库一般会使用干燥和冷却的方式（通常为 -20℃）保存植物种子，但桀骜不驯的智利南洋杉种子却无法在这样的条件下存活。

因此，未来恢复智利栖息地将有赖于标本园、植物园和树木园中的智利南洋杉，它们是唯一有效的基因库。2009 年，英国皇家植物园邱园、爱丁堡皇家植物园和林业委员会进行了一次联合考察，它们从智利沿海分布的智利南洋杉中收集了数千颗种子。从这些种子中培育出来的树木正在英国皇家植物园野生植物馆韦园、爱丁堡半山本墨植物园以及林业委员会的贝奇伯里国家松树园中茁壮成长。

种类繁多的智利南洋杉幼苗健康地生长在这些开阔的园林中，为这一标志性物种带来了希望，也许有那么一天，这些被保护的智利南洋杉将会重新回到它们 8000 英里外的家园。

上图：
从智利南洋杉林眺望七个雪峰，玛丽安娜 · 诺斯绘制，1880 年。

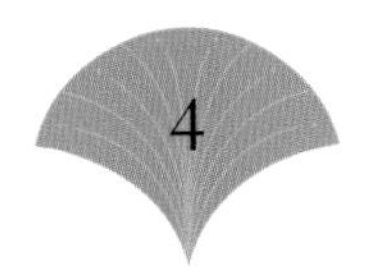

亨特短喉木 / *Brachyglottis huntii*

查塔姆群岛位于离新西兰东海岸大约800千米的海面——其南面与澳洲相邻，东面与智利相望。群岛地势平坦，气候温和，与其他大陆相隔甚远。岛上生物体型硕大、种类繁多，具有显著的地方性特征。

查塔姆群岛上，鸟类品种丰富多样，有两种信天翁将其作为南大西洋上的中转站。在这仅仅900平方千米的土地上，生存着约18种不同的鸟类。来自北方的亚热带暖流与亚南极南风寒流相遇，为群岛周围丰富的海洋生物创造了生存条件。因此，查塔姆群岛拥有世界上最丰富的渔业资源。

曾几何时，查塔姆群岛是古代超大陆冈瓦纳大陆的一部分，与新西兰长期分离，后来，火山喷发使查塔姆群岛面积扩大，现在它们都拥有着与众不同的植物群落。四季分明的气候、泥炭状的土壤和较晚到来的欧洲殖民者使得一系列独特的植物在这儿繁衍生息，包括一些地方独有的植物种类。群岛上生存着超过300种植物，有47种为其所独有，其中就包括著名的查塔姆岛圣诞树，即亨特短喉木。

这个听起来很寻常的名字可能具有迷惑性。在一定的范围内，使用类似“雏菊”或“知更鸟”这样的俗称称呼周边的动植物是可行的，因为它们并不会与其他物种混淆。然而在国际上用俗称称呼物种则会导致许多问题。像“松树”这样的名词，它可以被用于称呼不同分类方法下的多个物种，因此随着称呼混淆物种的风险越来越大，学名便成为世界范围内称呼物种的理想术语。查塔姆岛圣诞树与12月份砍伐来用作圣诞树的冷杉或云杉没有任何关系。

当地土著毛利人称亨特短喉木为“劳缇尼”。这是一种高大的常春菊属植物，其标本高度超过

对页图：
亨特短喉木，乔治娜·伯恩·海特雷绘制，《新西兰本土植物》，1888年。

上图：
亨特短喉木标本，乔治娜·伯恩·海特雷绘制，1887年于英国皇家植物园邱园采集。

23

Differences, such as are pointed out as existing between these two Chathamian plants, may be noted in several Australian species.

SENECIO HUNTII.

Arboreous, clammy; branchlets and peduncles glandulous-downy; *leaves lanceolate, entire, firm, reflexed at the margin, from subtle downs pale beneath, with unenlarged base sessile; above gradually glabrescent;* their veins immersed; *panicle compact, terminal,* surrounded by leaves, somewhat pyramidal, producing numerous flower-heads; peduncles copiously beset with very short brown gland-bearing hair; *capitula ligulate, with very numerous flowers;* involucre from semiovate verging to semiglobose, supported by few linear-subulate bracts; its scales about 13, unequal, mostly blunt, not much shorter than the discal flowers, somewhat glandular-downy; alveoles of the receptacle toothless; ligules of the female flowers not much longer than their tube, entire; anthers almost entirely exserted; bristles of the pappus nearly as long as the discal corollæ, twice or thrice as long as the glabrous achenia, not thickened towards the apex, almost biseriate.

On damp localities of woods growing generally in patches; rare in Chatham-Island, common in Pitt-Island.

A tree, often attaining according to Mr. Travers a height of 25′, called "Rautine" by the aborigines. Branchlets cicatricose, seemingly soon defoliated. Leaves, as far as seen, about 3″ long, ⅜–1″ broad, with spreading primary and closely netted immersed secondary veins. Panicle devoid of any long universal peduncle, interspersed with some generally short and narrow floral leaves. Ultimate peduncles somewhat or hardly longer than the capitula. Bracts near the apex of the special peduncles and around the involucres 1–2‴ long. Scales of involucre 2½–3‴ long, linear- and lanceolate-oblong, bearded at summit, imperfectly downy at the back, finally separating from each other. Ray-flowers 15–18; their ligule 2–3‴ long, lanceolate-oblong, yellow; their style partially exserted. Disk-flowers about 40; their corolla barely 3‴ long, campanulate above the middle, five-toothed at the summit. Anthers about 1‴ long. Stigmata exserted. Achenia measuring about 1‴ in length, furrowed, slender. Pappus white, very tender, composed of 50–60 serrulate indistinctly biseriate bristles.

This plant received its specific signification in order that the name of Mr. Frederick Hunt may also phytologically for ever be identified with that of the small isle, of which he was the first and is

24

still the principal European occupant, and in which this remarkable species forms such a prominent feature of the primeval vegetation. Mr. Hunt is moreover highly entitled to this mark of respect for the kind assistance which he afforded to the young traveller in his exertions of rendering known the vegetable products of these islands. A hope is simultaneously expressed, that as a permanent resident there the hospitable settler of Pitt-Island may also hereafter advance our cognizance of the vegetation around him.

In its arborescent growth Senecio Huntii has probably amongst the many hundreds of its congeners in the Victorian and Tasmanian Senecio Bedfordii (Bedfordia salicina, Cand. Prodr. vi. 441) and in the New Zealand S. Forsteri (J. Hook. Fl. Nov. Zeel. i. 148, t. xl.) its only rivals. In deep humid forest-gullies, favorable for its luxuriant development, S. Bedfordii equals S. Huntii in height, and thus both excel as the tallest all others of a cosmopolitan genus, which is recognized next to Solanum as the richest of all in species.

In the systematic series S. Huntii may perhaps find its place nearest to the exclusively Tasmanian S. Brownii (Centropappus Brunonis, J. Hook. in Lond. Journ. of Bot. vi. 124; Flor. Tasman. i. 225, tab. lxv.), which although much smaller exceeds also most other species in size. Both plants have many characters in common, but the Tasmanian plant differs in its smoothness, narrower flat leaves, smaller panicles with less large capitula and often shorter peduncles, much less numerous flowers of the heads, fewer and shorter scales and broader and shorter bracts of the involucre as also more grossly serrated upwards thickened bristles of the pappus.

S. Huntii approaches likewise in many characters to S. glastifolius (J. Hook. Fl. Nov. Zeel. i. 147, tab. xxxix.), which recedes again in its smoothness, in petioled often toothed leaves, in a less compact inflorescence with fewer and larger capitula, in larger bracts and also in upwards somewhat thickened pappus-bristles.

The transit of Bedfordia and Centropappus to Senecio, indicated by Dr. J. Hooker, is rendered sufficiently clear by the discovery of this Chathamian species.

SENECIO RADIOLATUS.

Upper leaves above the middle toothed and often also pinnatifid, below the middle entire, with cordate or auriculate base sessile, beneath somewhat arachnoid-downy; their lobes almost semilanceolate; flower-heads numerous, corymbose-paniculate; *receptacle pitted with toothed alveoles;* involucres from cylindrical gradually some-

8米。该树的树冠由一个树干状的结构（一种被称为“茎生”的特征）撑起，上面长满了长矛状的叶子，叶子上布满了细密的银色茸毛。人们常以为雏菊是生长在草坪上的矮小植被，在他们的脑海中，亨特短喉木显示的自然景象应该是：阳光下，一丛丛生机勃勃的黄色碎花。

亨特短喉木与另一种树状雏菊共同构成了查塔姆群岛的顶极植被，为岛上独特的地方物种提供保护，比如查塔姆群岛勿忘我。1840年后，只有很少的欧洲人在这儿定居，集约化农业在第一次世界大战后才成为土地利用的主要方式。随着农业科技的不断发展，人类开始用牛耕种农作物和栽种植物，这一行为加速了对原生动植物生态系统造成的破坏。

20世纪，不断改变的环境、引入的植物（包括欧洲金雀花）和在土地上肆虐的欧洲蕨，在极短的时间内改变了查塔姆群岛的植被种类，使得以本土植物为食的动物族群面临危机。与此同时，出现了疫霉和黄萎病，还有一些新型植物病菌开始在岛上出现，它们发现亨特短喉木没有自我防御机制，于是悄无声息地寄生于其中。

加拉帕戈斯群岛已然视其生物的多样性为一项金融资产，该岛利用旅游经济维护岛内环境的稳定性，从而保护其独特的动植物族群。查塔姆群岛和许多其他生物多样的群岛就没有这么幸运了，经济活动所导致的竞争性需求扰乱了微妙的生态平衡。在这些偏远之地，还能在人类活动和生物多样性之间找到平衡点吗？

费迪南德·冯·穆勒绘制插图，摘自《查塔姆群岛植被》，1864 年。

第 22 页上图片里的文字为冯·穆勒对亨特短喉木的描述，他认为亨特短喉木就是亨特千里光，并在上图中详细说明了该植物的各种部分。这本 86 页的小册子是在冯·穆勒担任墨尔本皇家植物园园长期间出版的。冯·穆勒以命名澳大利亚许多植物而闻名于世，同时也创立了维多利亚州国家植物馆。

上图：
查塔姆群岛勿忘我（也称琉璃草），沃尔特·胡德·菲奇绘制，摘自《柯蒂斯植物学杂志》，1859 年。

对页图：
沿海常春菊（也称千里光），玛蒂尔达·史密斯绘制，摘自《柯蒂斯植物学杂志》，1917 年。

8698
1
2
3
4
5
6
7

5

天使的号角 / *Brugmansia*

茄科植物与人类的兴衰交织在一起，它像是一把双刃剑，给人类带去利益的同时，也会造成极大的危害。南美茄科植物马铃薯，又称土豆，它的种植给欧洲带来了经济繁荣，也造成了爱尔兰的经济危机。茄科的另一种植物——烟草——种植后，为那些卖烟草的人带去了巨大的财富，但却使得吸食烟叶的人上瘾，进而染上疾病，甚至造成更为糟糕的后果。

茄科植物的大家庭中，有些物种能够滋补身体，有些则会置人于死地。茄子和辣椒是全球性的消费作物，而很少有植物比颠茄更加致命。茄科植物的另一成员含有致幻性化学物质，在其原产地南美洲有着神秘的地位，它就是天使的号角。

木曼陀罗属的植物一共只有七种，它们原产于南美洲，分布在巴西、委内瑞拉和智利等地。这种分布仅限于学术范围内的讨论，因为尽管人们广泛且大量地栽培木曼陀罗属植物，但它们在野外早已经灭绝了。在南美洲流传着一些传说，这些传说或为睡在天使的号角花下所做的梦，或因闻到天使的号角的花香而陷入无意识之中，从而产生的亦真亦幻的故事。天使的号角这种使人产生幻觉的能力在各类文献中都有记载，对南美洲的原住民而言，这种植物具有广泛的用途。

在知道这些植物具有致幻性之后，人们也许很容易把这种邪恶的特性归因于它美丽的外表。在那紧紧收拢的花瓣里，在它们垂垂而下的花骨朵中，是否隐藏着什么使人望而却步的邪恶？事实上，天使的号角使人麻醉的特性也是它作为一种观赏植物的特色。人工栽培的天使的号角为粉红色、紫色、黄色和白色，这些颜色所组成的光谱明艳靓丽，偶尔令人晃眼，你可以在任何无霜冻的植物园或植物园的温室看到这种景色。

在没有霜冻的情况下，天使的号角能够茁壮

上图：
加德纳采集的大花木曼陀罗腊叶标本，展示在英国皇家植物园邱园。

对页图：
巴西的曼陀罗花和蜂鸟，玛丽安娜·诺斯绘制，1872年。通常被称为恶魔的号角，曼陀罗属与天使的号角关系紧密。

左图：
画家在牙买加戈登房屋后的山谷，玛丽安娜·诺斯绘制，1872 年。天使的号角位于图前方右侧。

成长。许多人因种植天使的号角而获益，但其花朵的致幻性又不容忽视，这使得两者间存在着一种奇怪的紧张关系。许多国家将人工种植的天使的号角视为一种入侵物种；它能在瘠薄的土地上迅速扎根，被砍伐后依然可以保留根茎的活力，这些能力被认为是对这些国家的诅咒。

天使的号角的花和果实含有许多生物毒素，包括东莨菪碱和阿托品。这些化学成分与其他“有毒的”茄科植物相似，诸如颠茄、天仙子等。这些化学物质作用于自主神经系统，能够严重损害心脏、眼睛和消化器官，而成熟花朵中的生物碱毒素量可能置人于死地，仅仅抚摸花朵就可能导致孩子出现严重的不良反应。然而，在临床环境中，谨慎地控制这些化学物质的使用剂量反而有积极的作用：东莨菪碱可以用于治疗抑郁症，而阿托品可以用于治疗帕金森综合征。

这种植物是南美洲几个土著信仰体系的核心。它可以用来占卜，是仪式开始的重要构成之一，保证当地人会谨慎地使用药品。它在秘鲁北部被称为“米沙”，人们十分了解该植物的致幻性和治疗能力，因而将之奉若神明，对它十分尊重。本地人通过制定一个严格的规范来管控天使的号角产品的制备、应用和使用，以充分利用其巨大的潜力，这与“‘民间’医学仍处于蒙昧、落后”的陈词滥调相矛盾。当地人使用天使的号角的智慧和知识与它在城市引起的不信任形成了鲜明对比——它被视为有毒植物，因此人们害怕并辱骂它，将它从南美洲的花园和耕地上赶出去，这可能会使仅存的最后一种野生的天使的号角彻底消失。

天使的号角是一种充满矛盾的植物，它既濒临灭绝又极具侵略性，既能置人于死地又可以为人疗伤，既令人敬畏又让人害怕。这是一种集美丽、致命、活力于一身的物种。

CHAPTER VII

BORNEO AND JAVA

AFTER a fortnight at Government House, Sir William wrote me letters to the Rajah and Rani of Sarawak, and I went on board the little steamer which goes there every week from Singapore. After a couple of pleasant days with good old Captain Kirk, we steamed up the broad river to Kuching, the capital, for some four hours through low country, with nipa, areca, and cocoa-nut palms, as well as mangroves and other swampy plants bordering the water's edge. At the mouth of the river are some high rocks and apparent mountain-tops isolated above the jungle level, covered entirely by forests of large trees. The last mile of the river has higher banks. A large population lives in wooden houses raised on stilts, almost hidden in trees of the most luxuriant and exquisite forms of foliage. The water was alive with boats, and so deep in its mid-channel that a man-of-war could anchor close to the house of the Rajah even at low tide, which rose and fell thirty feet at that part. On the left bank of the river was the long street of Chinese houses with the Malay huts behind, which formed the town of Kuching, many of whose houses are ornamented richly on the outside with curious devices made in porcelain and tiles. On the right bank a flight of steps led up to the terrace and lovely garden in which the palace of the Rajah had been placed (the original hero, Sir James Brooke, had lived in what was now the cowhouse). I sent in my letter,

CHAP. VII *Borneo and Java* 237

and the Secretary soon came on board and fetched me on shore, where I was most kindly welcomed by the Rani, a very handsome English lady, and put in a most luxurious room, from which I could escape by a back staircase into the lovely garden whenever I felt in the humour or wanted flowers.

The Rajah, who had gone up one of the rivers in his gunboat yacht, did not come back for ten days, and his wife was not sorry to have the rare chance of a countrywoman to talk to. She had lost three fine children on a homeward voyage from drinking a tin of poisoned milk, but one small tyrant of eighteen months remained, who was amusing to watch at his games, and in his despotism over a small Chinese boy in a pigtail, and his pretty little Malay ayah. The Rajah was a shy quiet man, with much determination of character. He was entirely respected by all sorts of people, and his word (when it did come) was law, always just and well chosen. A fine mastiff dog he had been very fond of, bit a Malay one day. The man being a Mahomedan, thought it an unclean animal, so the Rajah had it tried and shot on the public place by soldiers with as much ceremony as if it had been a political conspirator, and never kept any more dogs. He did not wish to hurt his people's prejudices, he said, for the mere selfish pleasure of possessing a pet.

He had one hundred soldiers, a band which played every night when we dined (on the other side of the river), and about twenty young men from Cornwall and Devonshire called "The Officers," who bore different grand titles,—H. Highness, Treasurer, Postmaster-General, etc.,—and who used to come up every Tuesday to play at croquet before the house. Some of them lived far away at different out-stations on the various rivers, and had terribly lonely lives, seldom seeing any civilised person to speak to, but settling disputes among strange tribes of Dyaks, Chinese, and Malay settlers.

The Rajah coined copper coins, and printed postage-stamps with his portrait on them. The house was most comfortable,

玛丽安娜·诺斯，《幸福生活的回忆》，第 7 章开篇，1892 年。

玛丽安娜·诺斯是一位维多利亚时期杰出的艺术家与探险家，她跨越了整个地球去记录世界植物群。从 1871 年到 1885 年，她旅经美国、加拿大、牙买加、巴西、特内里费、日本、新加坡、砂拉越、爪哇、斯里兰卡、印度、澳大利亚、新西兰、南非、塞舌尔和智利等地。她交友广泛，经常和有影响力、有地位的人待在一起，例如本节选文中提到的砂拉越（马来西亚的一个州）的拉贾和拉尼。

英国皇家植物园邱园的玛丽安娜·诺斯画廊收藏了诺斯的 832 幅画作。这些画作的位置由诺斯亲自设计，并一直保留到了今天。

海万寿菊 / *Calendula suffruticosa subsp. Maritima*

海岸边的植物通常生长在瞬息万变的环境中。风暴、山崩和盐雾使它们的栖息地没有办法维持一个稳定的生态环境，这不利于植物的生长。只有那些能够适应不稳定生存环境的植物（有时称之为生长在荒地上的植物）才能于此存活。生长在悬崖和沙丘上的植物对生态环境有着多方面的好处：它们能够加固土地，为当地动物提供食物和筑巢材料。大自然的伟大力量已经使这一环境变得不可预测、充满凶险；一旦人类活动也参与其中，海岸的生态平衡则会更加变幻莫测。

海万寿菊是金盏菊属植物中极其罕见的一类，它代表了该属植物中象征着阳光乐观主义的沿海植物。我们只能在西西里岛西部的特拉帕尼地区以及福米卡和法维尼亚纳附近散落的小岛上才能见到它们的踪影，这里的海万寿菊金色的花朵长满了悬崖顶和海岸线。

地理上的隔离使海万寿菊成为了一个独特的物种，它的生存空间本来就局限于西西里岛，如今这个小种群正以惊人的速度减少。该植物的总野生面积仅为10平方千米，因此《世界自然保护联盟（IUCN）濒危物种红色名录》将其列为“极度濒危”物种也就不足为奇了。

每年冬季海万寿菊要忍受地中海西部变幻莫测的气候环境，这是大自然对物种的选择，但这还不是威胁其生存的唯一因素。随着人类对海岸线的开发，海万寿菊的栖息地逐渐成为人类旅游的胜地和船舶停靠的港口，人类在其沿海栖息地居住下来，同时带来的外来物种的入侵也对本土生态造成了伤害。

引进的植物，如莫邪菊等外来物种十分喜欢地中海沿岸的气候环境，在该地像地毯一样铺展开来，其浓密多汁的叶子和鲜艳的粉红色花朵吸引着知之甚少的游客。因为这种植物过于霸道，侵占了本土植物的生存空间，使得本土植物无法播种或传播。此外，对路边植物的砍伐进一步加剧了本土植物的生存压力。

海万寿菊还面临着一个更为常见的威胁：另一个金盏

对页图：
异果菊，摘自《柯蒂斯植物学杂志》，1891年。非洲雏菊和金盏花是同属于菊科的近亲。

上图：
1846年于皇家植物园邱园采集的海万寿菊标本。

花品种的入侵。基于 DNA 的系统发育树显示，海万寿菊已经进化成为一个独特的物种，但其与金盏花亚种的亲缘关系仍然很密切，可以与之杂交。杂交后的新苗不再是海万寿菊，这使得海万寿菊这个本就短寿的植物繁殖机会更加稀少，并使杂交后代成为其潜在的竞争对手。

金盏花属植物是一种受欢迎的草药，在全球范围内都有使用价值。金盏花凝胶、金盏花油和金盏花霜剂销路很广，它们可以治疗烧伤、愈合伤口和消除炎症。关于其可作药用的传言有着坚实的植物化学基础——这些植物含有三萜类化合物，有研究表明，这组从植物中分离出来的化合物具有消除炎症的功效。尽管如此，金盏花临床上的药用效果仍然有待验证。

海万寿菊被世界自然保护联盟（IUCN）列为“极度濒危”物种，迫使当地政府积极采取保护措施来挽救其迫在眉睫的灭绝危机，包括加强保护区的建设、协调莫邪菊的根除和保护计划，从而收集、储存和传播纯种海万寿菊。这使海万寿菊的未来有了期望，欧盟委员会为此向其捐助了一百万欧元。

人类应该关注海万寿菊对于生态系统的价值：它能够加固海岸线沙质土壤、为传粉的动物

上图：
约翰 · 霍根伯格，《花卉和动物系列版画》，1600—1605 年。海万寿菊位于插画左侧。荷兰国立博物馆收藏。

左图：
金盏花原画，《柯蒂斯植物学杂志》，1818 年。

对页图：
金盏花，赫尔曼 · 阿道夫 · 科勒，《药用植物》，1887 年。

提供花蜜、消化并循环利用腐烂的海草，这些可能会改变人们对这种濒危珍稀植物的看法。可以想见，在人们真正意识到这一点之前，这个美丽且脆弱的植物将被裹挟在商业开发与自然资源保护之间。

4
4a
1
2
3
5
6
A
7
8
9
10

鹦喙花 / *Clianthus puniceus*

鹦喙花有着让人着迷、惊艳的出色外表。它的名称——虾钳花或鹦喙花——使人们难以想象它竟然是一株植物。暮春时节，鹦喙花密集的猩红色爪形花朵盛开，在无霜冻的花园和温室里，它们组成了一种具有异域情调的景观。鹦喙花在新西兰本土越来越罕见，它们大多为人工种植，生长在野外的植株十分稀少，这也凸显出许多庭院植物所处的矛盾境地。

鹦喙花被毛利人称作四翅槐树，该植物受到当地人的青睐，曾有记载说人们将它的花朵比作昙花一现的珠宝。尽管那些茂密的花朵能结出许多低垂欲落的豆荚（它们属于豆科植物）并产出大量的种子，但这些种子似乎并没有对其传播起到太大的效用。鹦喙花和茶藤是该植物属类中仅有的两种植物，它们具有“压条”的能力：树枝接触地面后形成根，从而成为独立的植物。然而，这种方法是克隆原有的植物体，而不是从种子生产中产生新的基因变体。

自然状态下的低繁殖能力使鹦喙花很容易受到外部的威胁，而这些威胁是在新西兰人改变土地使用方式后出现的。人类清除森林植被，引进猪、鹿、负鼠、蛞蝓等食草动物，随之而来的外来植物入侵本土植物的栖息地，这些威胁使鹦喙花愈发稀少。

鹦喙花数量的减少影响了与之共同进化的新西兰动物族群。风铃鸟以其花蜜为食，本地一种名为叶螨的螨虫将其作为唯一的食物来源。不可避免的，这种螨虫像它的寄主植物一样，已经濒临灭绝了。《世界自然保护联盟（IUCN）濒危物种红色名录》将鹦喙花列为“濒危”物种，其中，该植物的150多种野生种类生长于新西兰北岛的东部地区。

有关本土鹦喙花是否为野生种类的争论一直

上图：
鹦喙花植物标本，科伦索于新西兰采集，展示于英国皇家植物园邱园，1849年。

对页图：
鹦喙花，莎拉·德雷克绘制，摘自《爱德华兹植物学登记》，1836年。

Clianthus puniceus.

CLIAN'THUS PUNI'CEUS.

CRIMSON CLIANTHUS, OR GLORY-PEA.

EXOGENÆ, OR DICOTYLEDONEÆ.

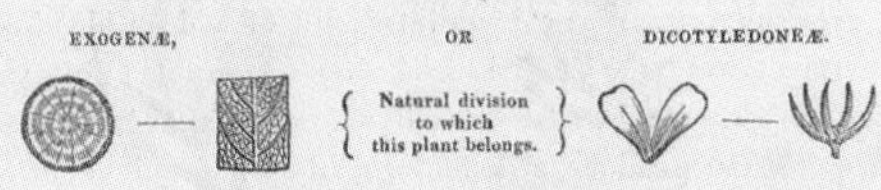

NATURAL ORDER, LEGUMINOSÆ.

CALYCIFLORÆ, OF DECANDOLLE.

Artificial divisions to which this Plant belongs

DIADELPHIA, DECANDRIA, OF LINNEUS.

No. 44.

GENUS. CLIANTHUS. *SOLANDER.* CALYX latè campanulatus, subæqualis, 5-dentatus. VEXILLUM acuminatum, reflexum, alis parallelis longius; carina scaphiformis, vexillo alisque multo longior, omninò monopetala. STAMINA manifestè perigyna, diadelpha, omnia fertilia. STYLUS staminibus duplo longior, versus apicem hinc leviter barbatus, stigmate simplicissimo. LEGUMEN pedicellatum, coriaceum, acuminatum, ventricosum, polyspermum, intus lanulosum, suturâ dorsali rectâ ventrali convexâ. SEMINA reniformia, funiculis longiusculis affixa. *LINDLEY* in Botanical Register, folio 1775.

SPECIES. CLIANTHUS PUNICEUS. *SOLANDER.* SUFFRUTICOSUS diffusus glaber, foliolis alternis oblongis subemarginatis, racemis pendulis multifloris, calyce 5-dentato, legumine glabro. *LINDLEY.* Botanical Register, 1775.

CHARACTER OF THE GENUS, CLIANTHUS. CALYX widely campanulate, nearly equal, 5-toothed. STANDARD acuminate, reflexed, longer than the parallel wings, keel skiff-shaped, much longer than the standard and wings, completely monopetalous. STAMENS manifestly perigynous, diadelphous, all fertile. STYLE twice as long as the stamens, towards the apex slightly bearded, stigma quite simple. LEGUMEN pedicellate, coriaceous, acuminate, ventricose, many-seeded, somewhat woolly within, dorsal suture straight, ventral suture convex. SEEDS kidney-shaped, attached by rather long chords.

DESCRIPTION OF THE SPECIES, CLIANTHUS PUNICEUS. STEM branched from 2-4 feet high, round, smooth, except when cracked, devoid of all pubescence save on the under surface of the young leaves, and on the green parts of the flower; branches green. LEAVES alternate, stipulate, oddly pinnate, of 8 pairs of folioles; folioles oblong, obtuse, subemarginate, distinctly alternate: stipules green, ovate, reflexed, very much smaller than the folioles. RACEMES pendulous, many-flowered; axis flexuous; BRACTS ovate, reflexed, very much shorter than the slender bracteolated pedicels. CALYX 5-toothed, teeth acuminate. STANDARD ovato-lanceolate, acuminate, reflexed, 2 inches long, externally of a rose-colour, internally of a deep blood-colour except when towards the base it is marked with interrupted white streaks or lines. WINGS of a blood-red colour, obtuse, about 1½ inch in length. KEEL quite monopetalous, acuminate, nearly 3 inches long, of a redish orange colour, pale towards the base. POD nearly 3 inches in length, dark-brown, veined. SEEDS kidney-shaped, brown, speckled with black spots.

POPULAR AND GEOGRAPHICAL NOTICE. The enterprising naturalists, Banks and Solander, who accompanied Captain Cook, in 1769, first discovered this plant in the northern interior, of New Zealand; it was again discovered by the missionaries in 1831. Its native name is KOWAINQUTUKAKA or Parrot's-bill: but it is most justly entitled to the name, given by Solander, of Flower of Glory. A group of such shrubs would realize the description by the poet—

Of flowers that with one scarlet gleam
Cover a hundred miles, and seem
To set the hills on fire!

INTRODUCTION; WHERE GROWN; CULTURE. Mr. Richard Davis, Missionary Catechist at New Zealand sent the seed of Clianthus puniceus to the Rev. John Noble Colman, of Ryde, Isle of Wight, who sowed it as soon as it was received in the autumn of 1831. In the following spring they produced several fine plants. The specimen from which our drawing was made flowered in May, 1836, in the rich collection of William Leaf, Esq. Parkhill, Streatham. Cuttings strike root most readily under a hand-glass, indeed where its branches touch the ground, they will take root like Verbena Melindris. Trained to a southern wall, it will grow luxuriently, but notwithstanding its apparent health, during winter, in such situation, when spring succeeds, it betrays its southern origin, and either dies, or recovers with difficulty.

DERIVATION OF THE NAMES.

CLIANTHUS, from κλέιος glory, and *ανθος* a flower. PUNICEUS, scarlet, from Punicus, of or belonging to Phœnicia, of which Tyre was famous for its dye of purple, said to be obtained from a species of shell-fish of the genus Murex.

SYNONYMES.

CLIANTHUS PUNICEUS, Solander, Manuscript in British Museum. Allan Cunningham in Transactions of Horticultural Society, New Series, Vol. I, p. 521, t. 22. Hooker in Botanical Magazine, folio 3584.

DONIA PUNICEA. George Don's General Dictionary of Gardening and Botany, Vol. II, p. 468.

REFERENCE TO THE DISSECTIONS.
1, Stamens and Pistil. 2, Calyx. 3, Wing. 4, Keel.

图片来源于本杰明·茂德和约翰·史蒂文斯·亨斯洛，《植物学家》，1837—1842 年。

鹦喙花的详细描述和附图（见对页）。

约翰·史蒂文斯·亨斯洛是查尔斯·达尔文的好朋友和老师，他与药剂师、植物学家本杰明·茂德合作，历时五年出版了五卷本的《植物学家》，书中附有多张绘制版画。

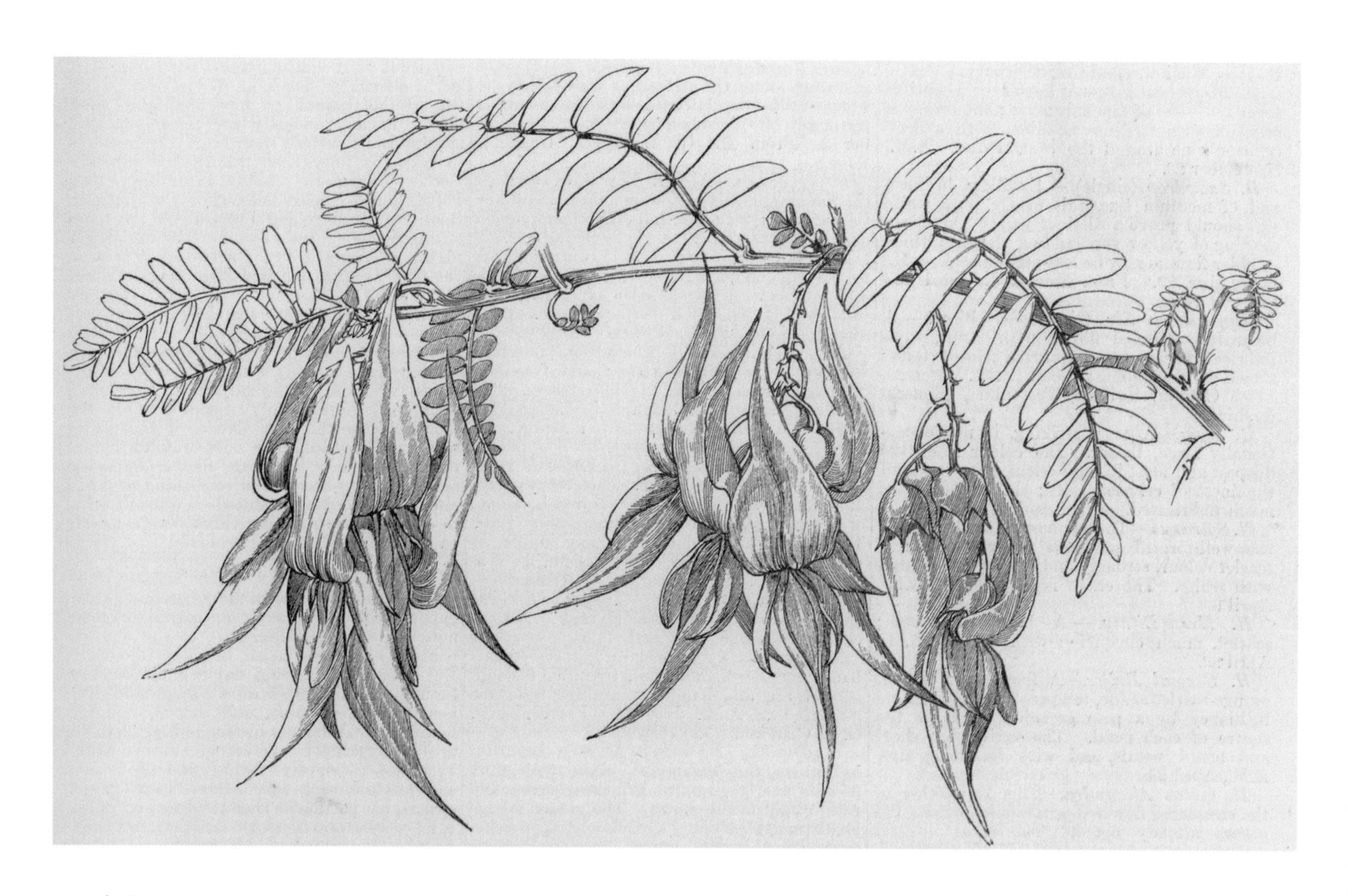

存在。一些人认为，现在我们所看到的鹦喙花实际上是过去毛利人于居住地周边种植的品种，这赋予了该植物一定的文化内涵。人们除了将其花朵戴在头上装饰，还生食其豆荚、种植灌木以供展示。

尽管多方面进行协调合作的实证方法将是唯一长期有效的方法，但鹦喙花数量的急剧减少已经引发了一场激烈的保护运动。科学研究确定并标记了该植物遗传过程中出现的各种亚种，为重新引入该植物提供了最好的植物来源。只有150种野生种类意味着固有的基因库很狭窄，但是寻求和延续任何的遗传多样性，都能略微增加重新引入植物的恢复力。

野生的鹦喙花生长在植物园，它们是已知母本的后代。优良种源的植物已经被移栽到路边和恢复了的栖息地，并通过减少外来食草动物的数量来降低它们对鹦喙花的威胁。鹦喙花的种子呈灰色和黑色，嵌在长豆荚里，这些种子可能蕴藏着解开它们生存方式的终极答案。这些种子能够在不丧失存活能力的情况下持续休眠，从而在当下遇到的威胁中生存下来，并在野生环境中再次繁衍出鹦喙花。人们可以通过培养种子库中纯种的鹦喙花种子来种植培育鹦喙花，以使该植物种类重新焕发生机。这些种子能在迁地寒冷、干旱的环境中存活，在适宜的条件下，种子就会发芽，也可以通过储存在土壤中的野生种子库帮助野生鹦喙花恢复生机。种子保证了植物的再生，确保植物在苛刻的自然环境中生存并恢复活力。正因为纯种种子能够在种子库中休眠，人类才能够争取到时间，有机会对其挽救、保护，让它们重新再生，这是避免植物灭绝的重要保护措施。

上图：
鹦喙花，摘自《花园》，1871年。

对页图：
鹦喙花，S. 瓦茨临摹萨拉－安·德雷克小姐的绘图而绘制，大约1835年，韦尔科姆收藏馆收藏。

HORT. TRANS. Vol. 1. Pl. 22
SECOND SERIES
Miss Drake del.
Clianthus puniceus.
S. Watts, sculp.

君子兰 / *Clivia miniata*

英国皇家植物园邱园的巨大温室营造出了一个超凡脱俗的环境。在寒冷的冬日，室外是灰色的天空和刺骨的寒风，而温室里却是另一番天地：阳光透过温室的屋顶照射进来，温热、潮湿，散发着阵阵花香。

映入眼帘的是棕榈和香蕉叶的剪影、毛茸茸的树蕨、带刺的维多利亚睡莲。技艺高超的园艺师们创造出了一个充满异域风情的植物世界，他们运用自己不可思议的天赋，将一个物种的野生生长环境搬到了植物园里。他们利用温室的高度、深度、光线和阴影变换，将复杂植物群落中的各种情境小心地移植到了温室的空间之中——从雨林到地中海森林。仔细观察，你会在长凳下或是在斑驳的树荫下发现某一种植物，要么是闭月羞花般可爱，又或是倾国倾城般美丽。君子兰是南非和斯威士兰所特有的地方独有植物，它偏爱在夸祖鲁－纳塔尔省、普马兰加省和东开普省的森林地表生长。在温室里，它喜爱偏居角落和夹缝空隙处。它那带状、有光泽的绿色叶子，从俗称假鳞茎的地下贮藏容器，更准确地说是君子兰的宿存叶基部叠加而成。待到时机成熟，它会开出许多花朵，有红色、橙色或黄色，那华丽的蜡质花瓣，喇叭状的花序，簇拥着生长在君子兰强壮的肉质茎上。植物育种专家们，尤其是远东地区的育种专家们，逐渐扩大了君子兰的品种，引入了明艳的黄色君子兰和奶油色的君子兰。野生的君子兰生长在大片的树林里，它们在森林斑驳的

对页图：
君子兰（也称大花君子兰），埃尔伯·范·伊登，《哈勒姆的植物：不同球茎植物的彩色图像》，1872—1881 年。

上图：
君子兰，摘自《园艺插画》，1893 年。

树荫下茁壮成长。君子兰具有丰富的药用价值，是易得的自然资源，所以在市场上被大量交易。君子兰贸易导致了人类对它们不加节制的采收，这样的做法如今严重破坏了其生存。

南非国家生物多样性研究所（SANBI）将君子兰评级为国内“易危”物种，该评级来源于一项长期调查。调查结果显示，君子兰的种群数量惊人地下降了90%。君子兰是一种剧毒植物，含有多种生物碱化学物质，包括石蒜碱。石蒜碱也存在于石蒜科的其他成员中，如水仙，它会引起恶心、呕吐、腹泻，甚至有可能置人于死地。这种强效化合物只要配以核准的剂量，就可以在医学上得到宝贵的应用。君子兰作为药物在祖鲁人的历史中有很长的使用时期，它们被用来治疗蛇类咬伤、发烧和泌尿系统的诸多不适，也应用于分娩时加强子宫的收缩。祖鲁人认为君子兰有护佑的功能，用它作护身符来辟邪。目前，对君子兰这些生物化学活性生物碱的疗效和临床应用的可行性研究仍在进行之中。

君子兰植物因为可作药用，所以常被整株采收。它们被直接从森林的栖息地挖出来，拿到市场上进行交易，几乎无人会去区分哪些品种适于出售。据估计，每年仅在约翰内斯堡一个市场，就有1万千克的君子兰交易。当那些较大的君子兰的种群分布变得零散，丧失了继续生存繁衍的能力后，贸易商们就向森林深处挺进，这样一来，地处偏远的林地也免不了遭到清洗。为了君子兰的后续生存，必须从过度的开发转向精心的培育。

块茎植物能够自然繁殖，会定期产生分蘖，它们小心地从母株中分离出来，而同时又不削弱母株。通过将君子兰的主要采收地从其野生森林转向它的培育园林，将为这种在文化和医学上都有重要意义的植物开辟一条可持续发展的道路。

上图：
君子兰，摘自《园艺杂志》，1876年。

对页图：
纳塔尔的君子兰和飞蛾，玛丽安娜·诺斯绘制，1882年。

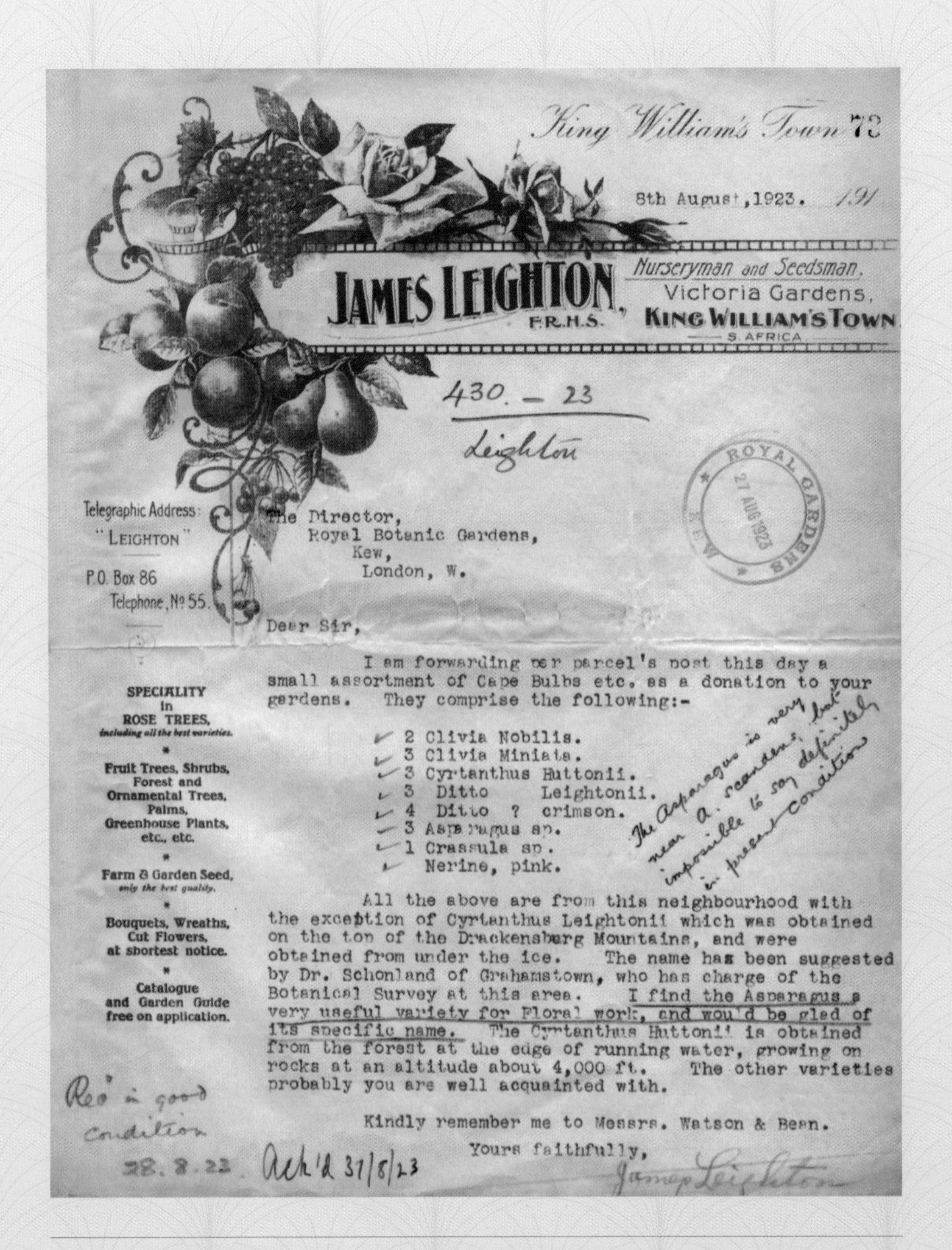

King William's Town 73

8th August, 1923. 191

JAMES LEIGHTON, F.R.H.S.
Nurseryman and Seedsman,
Victoria Gardens,
KING WILLIAM'S TOWN
S. AFRICA

430. – 23

Leighton

Telegraphic Address:
"LEIGHTON"
P.O. Box 86
Telephone, No 55.

ROYAL GARDENS
27 AUG 1923
KEW

The Director,
Royal Botanic Gardens,
Kew,
London, W.

Dear Sir,

I am forwarding per parcel's post this day a small assortment of Cape Bulbs etc, as a donation to your gardens. They comprise the following:-

- 2 Clivia Nobilis.
- 3 Clivia Miniata.
- 3 Cyrtanthus Huttonii.
- 3 Ditto Leightonii.
- 4 Ditto ? crimson.
- 3 Asparagus sp.
- 1 Crassula sp.
- Nerine, pink.

The Asparagus is very near A. scandens, but impossible to say definitely in present condition

All the above are from this neighbourhood with the exception of Cyrtanthus Leightonii which was obtained on the top of the Drackensburg Mountains, and were obtained from under the ice. The name has been suggested by Dr. Schonland of Grahamstown, who has charge of the Botanical Survey at this area. I find the Asparagus a very useful variety for Floral work, and would be glad of its specific name. The Cyrtanthus Huttonii is obtained from the forest at the edge of running water, growing on rocks at an altitude about 4,000 ft. The other varieties probably you are well acquainted with.

Kindly remember me to Messrs. Watson & Bean.

Yours faithfully,

James Leighton

SPECIALITY
in
ROSE TREES,
including all the best varieties.

Fruit Trees, Shrubs, Forest and Ornamental Trees, Palms, Greenhouse Plants, etc., etc.

Farm & Garden Seed, only the best quality.

Bouquets, Wreaths, Cut Flowers, at shortest notice.

Catalogue and Garden Guide free on application.

Rec'd in good condition 28.8.23 Ack'd 31/8/23

1923年8月8日，南非威廉国王镇维多利亚花园，詹姆斯·莱顿写给英国皇家植物园园长阿瑟·威廉·希尔爵士的信。

莱顿曾在邱园做过一段时间的园艺师，他在威廉国王镇是一个重要人物。他在那里建立了一个托儿所（如上面的标题所示），还是植物园的园长，又是镇长。他随信寄送了各种球茎，包括君子兰、天门冬、青锁龙和纳利石蒜。

对页图：
君子兰，沃尔特·胡德·菲奇绘制，《柯蒂斯植物学杂志》，1854年。

狭叶咖啡 / *Coffea stenophylla*

一千多年来，咖啡属植物为全世界的人们提供了提神醒脑的帮助。咖啡被广泛种植，并与许多国家有着密切的联系：哥伦比亚、牙买加、危地马拉和巴西是咖啡种植的主产区，意大利则转变了西方世界的咖啡消费方式。为了追寻咖啡的野生起源，我们来到塞拉利昂与埃塞俄比亚的高原地区。

咖啡是一种在全球贸易中占主导地位的商品。全世界每年消费约5000亿杯咖啡，价值超过200亿美元（约150亿英镑）。2016年，咖啡出口大国巴西，在其占地面积总计2.7万平方千米的咖啡种植园中，生产了260万吨咖啡豆。这庞大的统计数字，源于两种咖啡树：阿拉比卡种咖啡树（产生优等的阿拉比卡咖啡豆）和中粒罗布斯塔种咖啡树（产生更为实用的罗布斯塔咖啡豆）。这两种咖啡树都很迷人，简单来说，它们属于多年生常绿灌木，在光洁的绿叶映衬之下，开满芬芳馥郁的星状白色花朵。在授粉完成后，咖啡树的花朵会结出光泽明亮的红色果实，这种状似樱桃的果子经过清洗和干燥处理后，就可以制成咖啡豆了。

咖啡生产与种植蕴含着巨大的经济价值，所以一旦它遇到危机，就会引起当地政府部门的注

下图：
阿拉比卡咖啡树的花和咖啡豆，作者马努拉尔，这是19世纪英国东印度公司植物学家委托印度艺术家创作的公司艺术的一个例子。

对页图：
狭叶咖啡，玛蒂尔达·史密斯绘制，摘自《柯蒂斯植物学杂志》，1896年。

左图：
阿拉比卡咖啡，伊丽莎白·布莱克威尔绘制，摘自《布莱克威尔植物标本集》，1760年。

意与警惕。目前，在一些咖啡种植的核心区域，真菌锈病、咖啡蛀虫和气候变化等一系列问题使得阿拉比卡咖啡树的种植受到了日益严峻的考验。生物因素和环境因素的综合压力，给阿拉比卡咖啡树的生长带来了不同寻常的考验。阿拉比卡咖啡豆美妙绝伦的风味源于它脆弱娇贵的生理学特点，这一点和中粒咖啡罗布斯塔有着明显的区别，罗布斯塔咖啡树则正如其名，即使在恶劣的环境下也能顽强生长。（译者注：罗布斯塔，取自英文 robust 的发音，该词意思是强健的。）

阿拉比卡咖啡树是野生杂交品种，距今不到五万年的历史，由野生品种进行人工培育而来的阿拉比卡咖啡树几乎没有任何遗传变异。因此，对阿拉比卡咖啡树产生影响的因素会对全球范围的该物种都造成影响。阿拉比卡咖啡树起源于埃塞俄比亚的西南部高原地区，这个国家还是许多人工培育咖啡树品种的发源地，这些咖啡树品种之间区别不大，大都继承了野生阿拉比卡咖啡树的绝大部分特征。

气候变化是一个摆在埃塞俄比亚咖啡农面前

DEPARTEMENT VAN LANDBOUW,
NIJVERHEID EN HANDEL.
BUITENZORG (JAVA).
SELECTIE-STATION
№ 349

Bangelan, 12 th June, 1915.
BUITENZORG, 293 191
№

Mr.Arthur W.Hill,
Assistent-Director of the
Royal Gardens Kew.

Dear Mr.Hill,

I am in receipt of your letter dated 4 V which reaches me here in the experimental garden for coffee, placed recently under my supervision.

I have little opportunity here to enter fully upon the subject of a systematical study of Coffea.I think our work here - selection, working with living plants one generation after the other - should keep in close touch with the systematical work in scientific centra abroad.I will propose a scheme for it as soon as I am back in Buitenzorg and hope that the Director of Kew will approve it.

Of course I will be glad to send herbarium specimens to Kew. But do not trust the names of botanical gardens,especially in the tropics;and do not forget that many of their varieties are hybrids. I feel sure f.i. that De Wildeman made species out of coffea's, which are botan.garden-hybrids.I think his Coffea affinis should be Coffea stenophylla x liberica hort.

Therefore I want to divide my species of Coffea into larger sections,calling each section by a name familiar to the planter, as arabica,liberica,robusta,etc.,and giving then numbers to the different varieties,smaller species and races among them.Under liberica f.i.I would put:abeokutae,Dewevrei,aruwimiensis(this name does no chairman of a planters union pronounce).

Of each number I would send a complete sample to the

DEPARTEMENT VAN LANDBOUW,
NIJVERHEID EN HANDEL.
BUITENZORG (JAVA).
SELECTIE-STATION
№

BUITENZORG, 294 191
№

pal herbaria,Kew in the first line. The systematist can make out then,what the correct name is;for our - mostly practical - work this is of little importance.

To send you regularly those samples is what I hope to do for Kew.What Kew can do for me is this.I start my selection as much as possible with seeds from wild plants,collected for each tree apart so that my races all descend from one original wild tree.This will help to avoid the confusion hybridisation causes in the group.From the Belgian Congo and from french colonies I received coffeeseeds collected in that way,from English colonies up till now none.I would be glad if Kew could help me to get also from your african protectorates seeds from wild coffee trees,collected for each seed bearer separately.

I hopeto start a special garden next year for this work.I am not sure - it would cost the government about £ 2000 per annum,and war has a bad influence on peaceful work,even with neutrals.

As soon as I am back in Buitenzorg - in a month or so - I hope to write you more fully on the subject.

Trinidad left pleasant souvenirs with me.I often hear from Rorer,we exchange seeds and plants.Will you not come out to the East?I think things like our garden here would interest you,and I would be very glad to show it to you.

With kind regards,

yours very truly, P.J.S. Cramer

Chief Plant breeding station.

1915年6月12日，印度尼西亚班格兰植物育种站站长彼得·约翰内斯·塞缪尔·克莱默写给英国皇家植物园邱园园长助理阿瑟·威廉·希尔爵士的信。

克莱默从班格兰的咖啡实验园给希尔写的信中，提议给邱园寄送样品，并讲述了他对于现行的咖啡命名源于植物园做法的意见。

的残酷现实。从1960年到2006年，全球气温平均每年上升了1.3℃，这对种植咖啡有着严重的影响。在低海拔的咖啡种植区，阿拉比卡咖啡树表现出明显的干旱受灾症状，出现减产。

英国皇家植物园邱园与当地的咖啡农密切协作，对未来气候生态位进行预测，结果显示：更高海拔的种植园可能会更好地使咖啡树免受未来环境气候变化的影响。

娇贵的阿拉比卡咖啡树面临一系列的生存困境，依赖这样一种植物继续生产全世界需要的咖啡，是不可持续的。人类能否通过探索120种咖啡属植物的生物差别，找寻到未来阿拉比卡咖啡树的替代品，从而增强经济的韧性、实现可持续发展呢？

在非洲与亚洲，通常在高度本地化且特有的生态系统中，有咖啡属的其他物种被制成咖啡，其中包括一种仍未被命名的莫桑比克独有的咖啡属植物物种。

高地咖啡原产于西非的几内亚、塞拉利昂、科特迪瓦等国家。这种生长在高海拔地区的咖啡树结出的咖啡豆，能够冲泡出香气四溢的咖啡饮品。一些人认为它可以与阿拉比卡咖啡豆相媲美。狭叶咖啡——如果这种高地咖啡属植物能更容易找到的话，在探寻可持续性生产的咖啡种植经济之路上，无论是人工栽培还是与其他品种杂交的形式，都可能成为更多样化的解决方案之一，而

Pl. XXIII.
2.
3.
1.
4.
5

对页图：
阿拉比卡咖啡，索尔比绘制，摘自爱德华·汉密尔顿，《药用植物》，1852 年。

左图：
牙买加咖啡的叶子、花朵和果实，玛丽安娜·诺斯绘制，1872 年。

且这样的解决方案也是有可能实现的。

2018 年，邱园的科学家亚伦·戴维斯博士准备重启前人未竟的咖啡探寻之路——在塞拉利昂寻找野生的狭叶咖啡。人类对木材的需求与农耕占地等导致的森林砍伐活动，迅速破坏了狭叶咖啡原本广泛的生长腹地，使得它在《世界自然保护联盟（IUCN）濒危物种红色名录》中被评级为“易危”的物种。功夫不负苦心人，戴维斯终于在几处偏远孤立、与世隔绝的地方发现了野生狭叶咖啡。

保护世界的生物多样性可以为人类提供经济财富与可持续发展的经济韧性。那些能够在未来提供农作物、燃料能源、生化医药和纺织纤维的物种，只有在人类不会无意之中使它们灭绝的情况下，它们才能使人类受益。对于某些人来说，一个没有咖啡的世界是难以想象的，这对保护行动的刺激就和咖啡作物本身具有的刺激作用一样，激励着人们行动起来。

龙血树 / *Dracaena draco*

“龙血树”作为一种古老植物的遗迹，实际上在亲缘关系上更接近于芦笋，其形态是如此地吸人眼球，连那些对植物又爱又恨、矛盾纠结的旅游者们都会打开智能手机，搜索查询这种树。龙血树是希腊神话中的明星，是植物世界引人注目的大使。

尽管龙血树在马卡罗尼西亚岛的民间传说中声名显赫、形象生动，它也无法避免所遭受的威胁，现在它在《世界自然保护联盟（IUCN）濒危物种红色名录》中被列为“易危”物种。随着本地树木数量的减少，龙血树开始被广泛培植，成了世界各地地中海气候植物园中的主要标本。

龙血树在植物分类上是单子叶植物，由单叶幼苗生长，但它与多种结构特征相联系，诸如平行的叶脉，花基数通常为三，有须状根和星散排列的维管束。其成叶硬而尖，带白霜。

尽管看起来像是树，但它并不是真正的树。龙血树粗大、多节的树干，部分是由气生根所组成，因为气生根的存在，加大了成熟树木的巨大树围，使得树木的周长可以达到 8 米。龙血树在生命的前 10—15 年是树干生长，然后树干生长终止，紧接着开出第一朵花，从这朵花上会长出一根枝条，再从这根枝条上长出更多的枝条，如此反复。这种盘绕的生长模式造就了龙血树非凡的伞状结构。

龙血树反映了它起源的数百万年前的植物群分布在非洲大陆和非洲大西洋沿岸的马卡罗尼西亚群岛。在马德拉岛和加那利群岛的 7 个岛屿中，有 5 个岛屿记录了龙血树不同的种群，最近在摩洛哥的阿特拉斯山脉发现了一个新的亚种群。分析同一物种不同种群的 DNA，以创建一个种系发育树，能够突显源于共同祖先的物种的不同点和共同点。

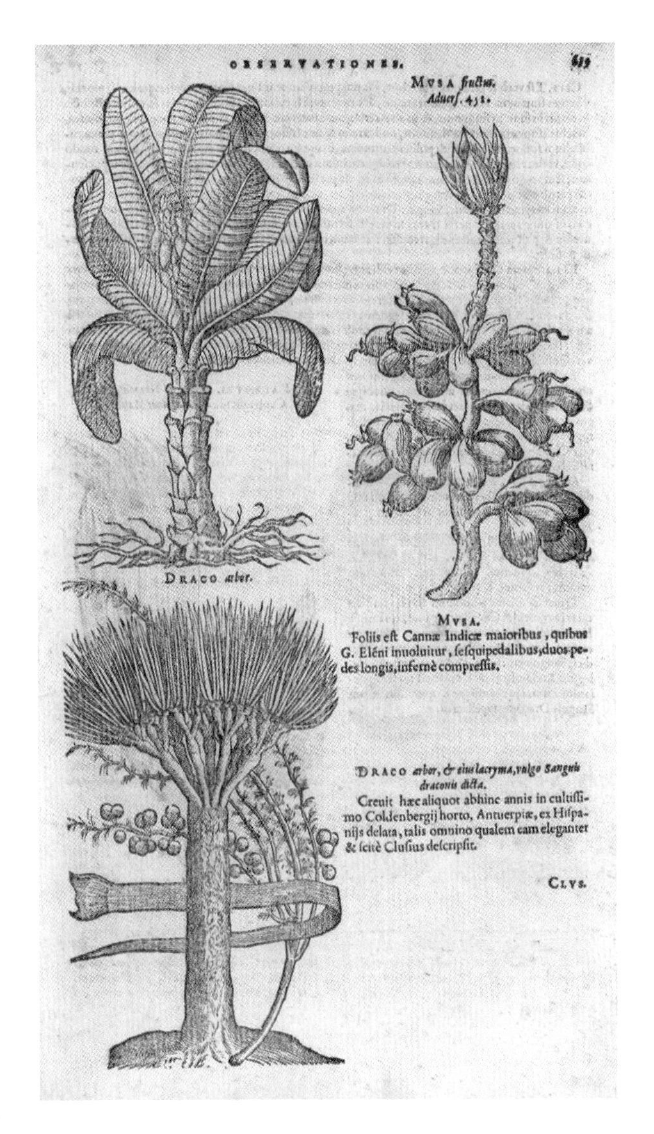

对页图：
特内里费岛奥罗塔瓦的龙血树，玛丽安娜·诺斯绘制，1875 年。

上图：
龙血树，卡罗勒斯·克鲁斯，《珍稀植物历史》，1601 年。

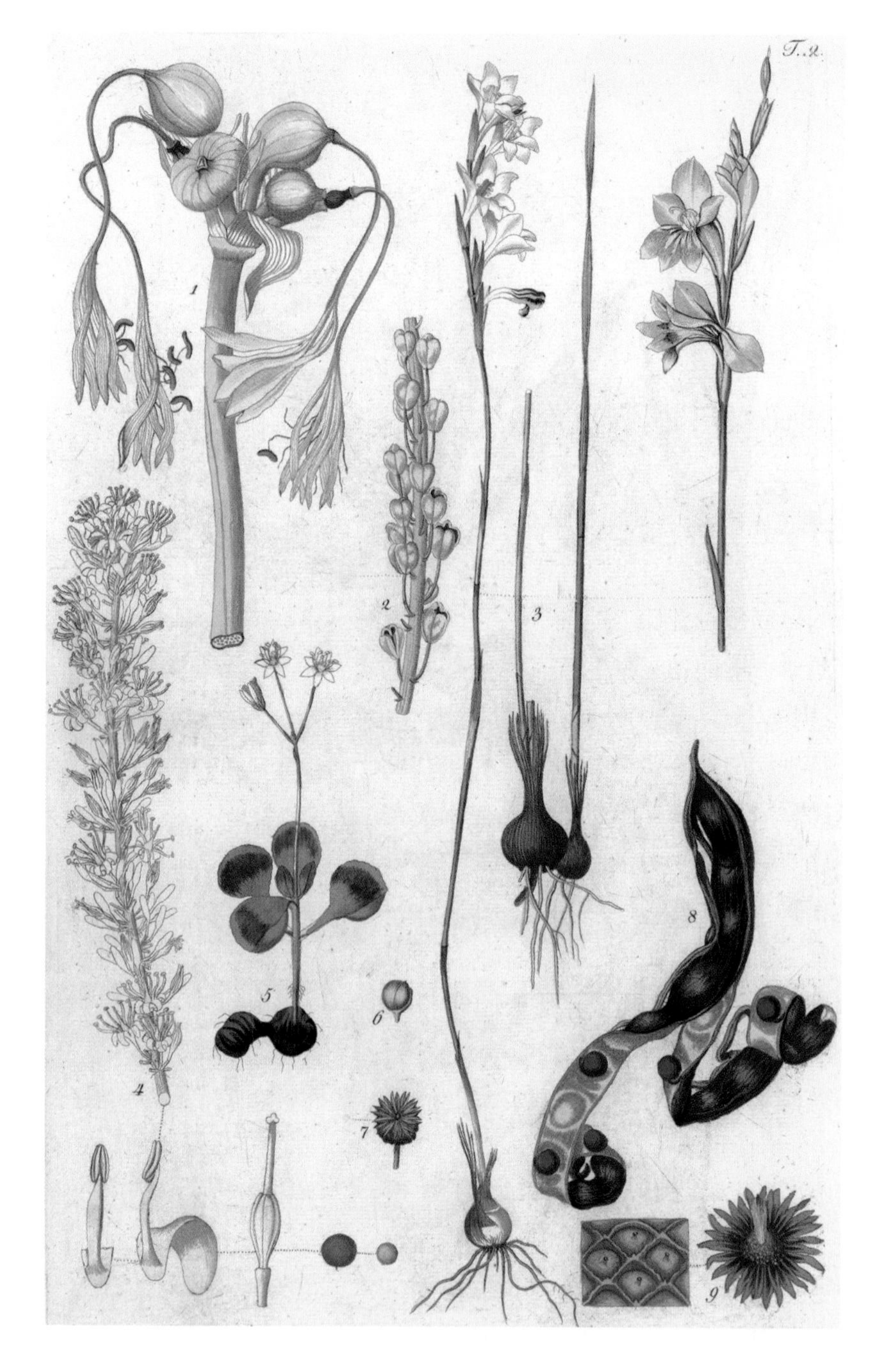

左图：
《龙血女神》（编号：4），图片作者尼古拉斯·约瑟夫·冯·雅克恩，《珍稀植物彩色图鉴》，1809 年。

龙血树鲜艳的红色树脂，被形象地称为“龙血”，可以用于制作木乃伊、给小提琴染色和防止工具生锈。这种树脂曾一度被作为商品进行交易，其中就有布朗兄弟公司装运的 76 箱龙血，装在著名的泰坦尼克号货仓之中，与之一起沉入了大西洋的海底。

希腊神话将龙血树与传奇英雄大力神赫拉克勒斯联系起来。当他杀死可怕的多头龙拉东时，血流到哪里，哪里就长出多头龙血树。不难想象，气势磅礴、超凡脱俗的成熟龙血树是如何激发了神话创作者的灵感。

尽管龙血树是加那利群岛的国家象征，但由于农业生产的需要，尤其是发展畜牧牧场而被砍伐。幼小的龙血树对放养的山羊来说是美味的食物，这些不受保护的植物由于不受控制的放牧而遭到破坏。在旱季，龙血树能够从低矮的云雾中吸取水分。但由于气候的变化，水分来源条件的产生和持续的时间都有所减少，环境压力陡增。

这些外部压力合在一起，对生存能力本来就很低的植物造成了进一步的破坏。龙血树与加那利群岛特有的一种不会飞的鸟类有着一种互惠互利的伙伴关系，它依赖于这种鸟类吃下自己的硬果后来传播种子。由于它的鸟类伙伴早已灭绝，如今龙血树只能依赖岛上的人类来开拓新的生路，而这种依赖确实很脆弱。

Letter & thanks sent.

Sitio del Pardo
Puerto de Orotava, Tenerife
20th May 1875

My dear Sir,

In the hope that it may not be wholly without botanical interest to you, I have ventured to send you a section of a Dragon tree (Dracaena Draco) which fell suddenly about a week ago in my garden.

I shipped it three days since by the Steamer "Risca" from this Port, and it should reach you in about a fortnight or three weeks.

You will, I hope, soon see a sketch of the tree made by that accomplished lady Miss North, who has just been on a visit to Tenerife & whose beautiful sketches are, I know, appreciated by you.

The age of the tree I think may be from ninety to a hundred years, as my old gardener, himself just the age of the Century, remembers it when he was a little boy to have been some six or eight feet high.

Its dimensions at present were about 9 feet in circumference at the ground & 3 feet at the top of the trunk where the branches spread out.

Its height from the ground to the spreading out of the branches was about 18 feet, and thence to the top of the branches some 9 or 10 feet more.

Apologising for the freedom I have taken though personally unknown to you, I remain,

My dear Sir
Very truly yours
Chas. Smith

To Dr. Hooker
Kew Gardens

1875 年 5 月 20 日，特内里费岛奥罗塔瓦港帕尔多遗址，查尔斯 · 史密斯写给英国皇家植物园园长约瑟夫 · 道尔顿 · 胡克爵士的信。

“希望它能引起您对植物学的兴趣……”查尔斯 · 史密斯给胡克的信开头写道，随信附寄了他的花园里种的龙血树的截面图。他认为这棵树已经活了 90 到 100 年了，因为他的园丁 100 岁了，而这位百岁园丁还是个孩子的时候就见到过这棵树。这棵树在被暴风雨摧毁之前，玛丽安娜 · 诺斯画下了这棵树，见她的作品《特内里费史密斯先生花园里的龙血树》的描画。

上图:
龙血树，伊丽莎白 · 布莱克威尔绘制，摘自《布莱克威尔植物标本集》，1760 年。

对页图:
龙血树，摘自约翰 · 威廉 · 魏因曼，《植物图鉴》，1745 年。

N.785.
b
a
b
a. Palma prunifera foliis Yuccæ, fructu racemoso sanguinem draconis fundens, Arbre du Dragon, Drachenblutbaum.
b. Palma Guineensis vinifera.
H.

紫松果菊 / *Echinacea laevigata*

紫松果菊是全球畅销的治疗感冒的一种草药，它为花园植物培育提供了丰富的基因库，还是美国野生草原的标志性象征。如今这一植物在其本土的生存正面临着威胁。紫松果菊分布在美国的东南部，生长在皮埃蒙特大草原的野生植物群落中。目前只在北卡罗来纳州、南卡罗来纳州、佐治亚州和弗吉尼亚州四个州发现有紫松果菊的分布，而且数量已经衰减到只剩零散的少量种群。因此，联邦政府将紫松果菊列为“濒危”物种，亟须得到国家立法的保护和当地保护计划的支持。

紫松果菊是皮埃蒙特大草原上美丽、优雅的一员，与其他生物共同构成了草原美景。它的茎部纤细却坚韧，顶着盘状的花序，盘边是细长的淡粉色舌状花瓣，花瓣从花朵中心向四周辐射，就像太阳的光芒，盘心是密集、黑紫色的管状花。它生长在林间空地那丛生的草地上，利用自身1.5米高的花茎获得光照。花朵上的蜜腺是敞开的，很容易接近，吸引了从蜜蜂到爬虫的许多传粉昆虫纷至沓来。这种花的命运与人类的活动息息相关。紫松果菊赖以栖息的大草原，是由非木本植物（开花植物）和草类组成的复杂生态群落，草原周边通常环绕着诸如火炬松这样的矮小树木。在这丰富的生态构成中孕育着一百多个物种，这意味着草原的生态环境天生就具有不稳定性，它很有可能在自然演替的过程中发展为林地。有鉴于此，外部因素起着极为重要的作用，外力的干扰可以阻断那些富有侵略性的植物缓慢的生长蔓延，阻止树木幼苗的长出。这些外部干扰因素中，最有效的两种“有益”的外力就是火与放牧。

上图：
紫松果菊，摘自《柯蒂斯植物学杂志》，1787年。

对页图：
紫松果菊，路易斯·范·豪特，《欧洲的温室和园林花卉》，1848年。

数千年来，火成功地塑造了许多盛大的景观，比如草原。草原植被都有“野火烧不尽，春风吹又生”的再生恢复力，因而火便成了植被再生的有力工具。大火过后，新生的幼嫩枝叶吸引了漫

上图：
西德纳姆·泰斯特·爱德华兹，《新植物园》，1812 年。插图的右边是一朵黄色的玫瑰。

对页图：
紫松果菊，马克·凯茨比绘制，《卡罗来纳、佛罗里达和巴哈马群岛的自然史》，1754 年。

游的野牛，而野牛是这片土地的管理者——印第安人理想的猎物。草原为生活在这里的人们提供了新鲜的食物、药品和纺织纤维，在大草原上放牧大型野牛群，让它们自由游荡，由此给更具活力的植物物种带来压力，使得竞争环境趋于公平，推动了草原生物的多样性发展。

紫松果菊生长在开阔的林间空地，它需要充足的直射光照，保持根部土壤潮湿。随着土地用途的改变，上述维持当地物种多样性微妙现状的有益压力和外力干扰也随之消失。如果不能合理地利用火场进行草原管理，紫松果菊生长需要的空地会被树苗占据填满。没有了美味的嫩叶，游荡的食草动物也不再起到维持物种间生态平衡的作用。由于紫松果菊对生态位的要求十分精确，其本身便很脆弱，过度采摘、除草剂的使用和外来物种入侵更进一步削弱了它的竞争力，使其生存状况更是雪上加霜。

为了挽救式微的紫松果菊，相应的保护规划与措施正付诸实施。北卡罗来纳州的莎拉·杜克花园等植物园利用本地植物创造了令人惊叹的园艺展示。像这样的花园既能激励当地居民保护本土的植物群，又可以为保护植物提供宝贵的迁地种子来源。亭亭玉立的紫松果菊在园中绵延开放，这动人心弦的美景让游客们不禁感慨：“我们怎么能忍心让这样美丽的植物灭绝呢？” 这一物种的生存也提醒我们，植物保护应该随时随处进行，而不应该仅仅发生在遥远的、用火进行物种保护的热带雨林。气候变化、土地用途改变以及新的病害和虫害，所有这些都危及到生物的多样性，危及到从牛津郡到弗吉尼亚州，从巴西到马来西亚的许多物种。幸运的是，目前各地都开始遵守保护守则，包括确定物种、量化现有种群的范围及其健康状况、评估物种面临的威胁和监测物种的长期生存能力。

Dr. Hooker
Professor of Botany
Glasgow

1833 年 5 月 14 日，托马斯 · 德拉蒙德从美国得克萨斯州维拉斯科镇给邱园园长威廉 · 杰克逊 · 胡克爵士的去信。

德拉蒙德是一位苏格兰植物学家，他在绘制和收集北美动植物的过程中经历了无数艰辛。信中他向胡克提到疾病耽搁和影响了他的工作进程，他自己也患上了霍乱，后来他康复了，但其他几个人死于霍乱。尽管困难重重，德拉蒙德还是收集到了100 种植物标本、60 种鸟类标本、2 种蛇类标本以及几种陆地蜗牛标本。他的下一个行程计划是穿越科罗拉多河。然而，在写完这封信两年后，德拉蒙德于哈瓦那不幸去世，死因可能为败血症。

对页图：
紫松果菊，沃尔特 · 胡德 · 菲奇绘制，摘自《柯蒂斯植物学杂志》，1861 年。

1.
2.
3.
W. Fitch, del. et lith.
Vincent Brooks, Imp.

12

粗柄象腿蕉 / *Ensete ventricosum*

芭蕉科，分为芭蕉、地涌金莲和象腿蕉三个属。来自这一物种的两种水果主导着全球的农业：香蕉和大蕉。香蕉是世界上交易量最大的水果，美味的、淀粉含量相当高的大蕉每年产量高达 4500 万吨。高耸的铜黄色或翠绿色的植株、巨大的皮革般的叶子，香蕉为园艺展示增添了郁郁葱葱的异国情调。

尽管芭蕉体型高大，但它却不是树，而是没有真正木质组织的草本植物。芭蕉植株高 6 到 20 米，高大的擎天蕉号称是世界上最高的芭蕉，芭蕉是早期的丛林或林地的先锋植物。许多芭蕉品种为了利用清除植被后出现的光照而迅速生长，它们能很快完成生活史，最后产生了大量的种子。

芭蕉，拓展了英国园丁的园艺视野。其耐寒性可达 -15℃，除了最寒冷的花园，它在哪里都能舒适地度过冬季，到了春天，它会发出新叶弥补寒冬腊月里所遭受的一切损害。当芭蕉与其他坚韧且具有异国情调的物种相结合，如通脱木或红丝姜花，便可以以最小的风险为世人呈现异国情调的亚热带园林风格，这在城市环境中效果卓著。

粗柄象腿蕉是撒哈拉沙漠以南森林丰富的组成部分，由于其稳定的种群数量，在《世界自然保护联盟（IUCN）濒危物种红色名录》中被列为“需予关注”物种。粗柄象腿蕉作为一种农业作物，却令人意外地鲜少有人种植。作为一种营养丰富的植物，它仅被当作食物来看待。在埃塞俄比亚南部高地复杂的农林系统中，它与那里的多年生植物和一年生植物巧妙地结合在一起，生产出全年所需的食物。

人们种植粗柄象腿蕉不是为了它的果实。这种植物的果实剥去背部的皮后，里面并没有甜的果肉，只有坚硬的黑色种子，但这种香蕉有其他可取之处。通过巧妙的栽培开发和提取，粗柄象腿蕉是丰富的淀粉和热量的来源。作为一种单叶植物，它在死亡前开花结果一次，所以必须在其开始枯萎前进行采摘。

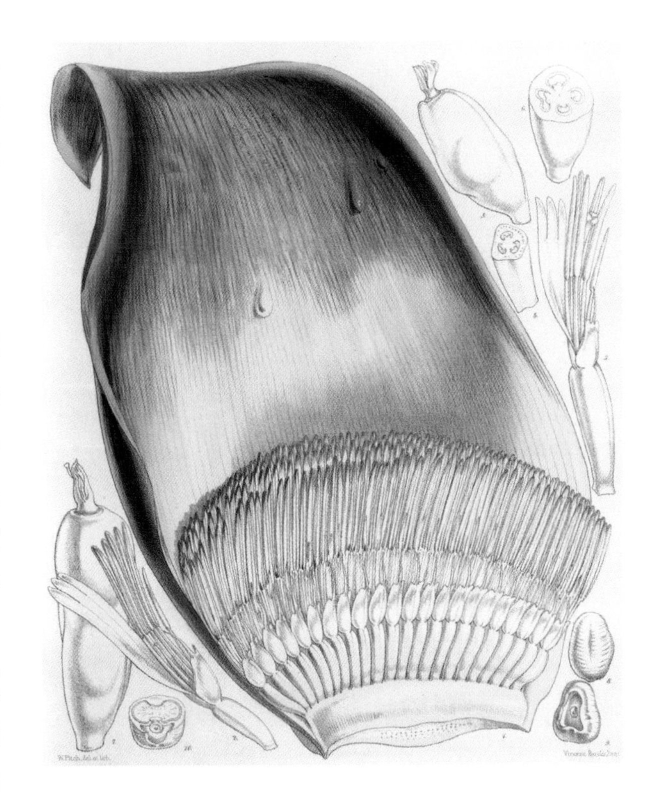

对页图：
粗柄象腿蕉，沃尔特·胡德·菲奇绘制，《柯蒂斯植物学杂志》，1861 年。

上图：
象腿蕉，沃尔特·胡德·菲奇绘制，《柯蒂斯植物学杂志》，1861 年。

剥去叶子，小心地从地上挖起粗柄象腿蕉植

株，这个沙滩球大小的地下贮藏容器被称为球茎。球茎有很多层，小心地、轻轻地将其分解开，每一层都含有淀粉沉积。从茎上刮去淀粉，然后捣碎球茎，放在富含微生物的窖中进行发酵，将淀粉固化成一种名叫“科科（kocho）”的主食。这只是一系列有价值的粗柄象腿蕉产品之一，其他还包括纤维制品、牛饲料、包装和称为“布拉（bulla）”的多功能乳清状液体。粗柄象腿蕉是通过从亲本植株中移栽强壮的根来进行繁殖的，这是从一代到下一代克隆理想性状的繁殖系统。

左图：
粗柄象腿蕉，摘自路易斯·范·豪特，《欧洲的温室和园林花卉》，1859—1861年。

下图：
特内里费岛一所花园里的象腿蕉，玛丽安娜·诺斯绘制，1875年。

19
1895.

Botanic Gardens
Singapore
12th December 1894

Dear Sir,

I have to thank you for the box of very fine plants of the various Phyllocacti which arrived in very fair order. Some of the leaves had rotted but I don't think I shall lose one.

The box of "Musa Ensete" Seeds arrived yesterday. I am very pleased to get such a very fine foliage plant as this is. We have of course lots of Musa superba & effective as this is "M. Ensete" will far outrival it.

By this mail I am sending you a box of "Musa Sumatrana" Seeds — the Pisang Karok of the Malays. I am also getting up for pots some young plants of "Ficus alba" as requested by Dr. Morris; it is a curious fact that many of our commonest plants are impatient of pot culture.

I have just heard unofficially that the somewhat sweeping reforms in our Dept. proposed by the Retrenchment Commn. are to say the least to be somewhat modified. Mr. Ridley will I suppose return if not to his old appt. to some modification of it — & Mr. Derry go back to Malacca but as the official papers have not yet reached me I do not know anything very definite.

I am dear Sir
Yrs faithfully
Walter Fox

W. T. Thiselton-Dyer Esq

1894年12月12日，新加坡植物园的沃尔特·福克斯写给威廉·西塞尔顿－戴尔爵士的一封信。

信中福克斯称很高兴收到了一盒粗柄象腿蕉的种子，因为这一物种枝叶繁茂，将远远胜过本地的象腿蕉。作为回报，福克斯将一盒小野果蕉的种子寄送给邱园，当地人称之为“卡罗克香蕉”。福克斯在新加坡植物园工作了30多年，之后他在马来西亚槟城经营瀑布花园，直到1910年退休。

对页图：
粗柄象腿蕉，摘自爱德华·雷格尔，《花园植物杂志》，1870年。左侧为墨西哥堇罗花。

Taf. 643.
1.
2.
3.

13

桉树（尤加利）/ *EUCALYPTUS*

泛着微光的银灰色树叶，粗糙的树皮，沁人心脾的薄荷醇香味，这些都是桉树所特有的。桉树让人联想到南半球，再没有其他什么树种能和南半球有如此关联。虽然起源地在地球另一端的南半球，但桉树的影响力却是遍及全球的，它有时被称作是“世界上种植最多的树”。它一方面作为外来物种入侵外国的土地，而与此同时，它的某些物种在本土的生存却濒临灭绝，人们对此颇有看法。

桉树属植物群庞大，包含800多种植物。横跨澳大利亚大陆、塔斯马尼亚岛、新几内亚、菲律宾和爪哇，从参天的大树到低矮的灌木，这是一个奇妙的多种形态的植物生物群落。这一属的植物有特别的抗火特性，火后复生的办法有很多，是澳大利亚植物生态不可分割的组成部分。

桉树是燃料、食物、药物和纤维的来源，号称是世界上最高的开花树，早期的原住民用桉树的树皮当画布进行绘画。

对于非洲大陆和地中海气候国家的自然资源保护者来说，桉树濒临灭绝这一概念显得极为陌生，因为这些国家正在砍伐大片桉树，桉树在这些国家多得令人窒息。巨桉和赤桉在南非快速地攻城略地，威胁到西开普富有生物多样性的凡波斯植物群的生存。桉树生长迅速，又有极高的经济价值，人们对待它的态度出现了严重的分歧。

在东非，桉树被广泛用于制作电线杆、胶合板、燃料木材和脚手架，从桉树中提取的薄荷精油则被用于制作香料和冷疗。桉树成长迅速，在被砍伐之后也能够迅速再生，带来巨大的经济价值，但它侵占土地的速度，远远超过本地树木，这埋下了祸根，也让环保主义者意欲对其加以清除。马达加斯加生态群落脆弱而极具生物多样性，桉树的大规模播种严重影响了岛上特有的植物群

上图：
塔斯马尼亚休恩路上的蓝桉树、银荆树和黄樟，玛丽安娜·诺斯绘制，1880年。

对页图：
蓝桉，科勒，《医用植物》，1887年。

10
1
7
2
3
4
5
6
8
9

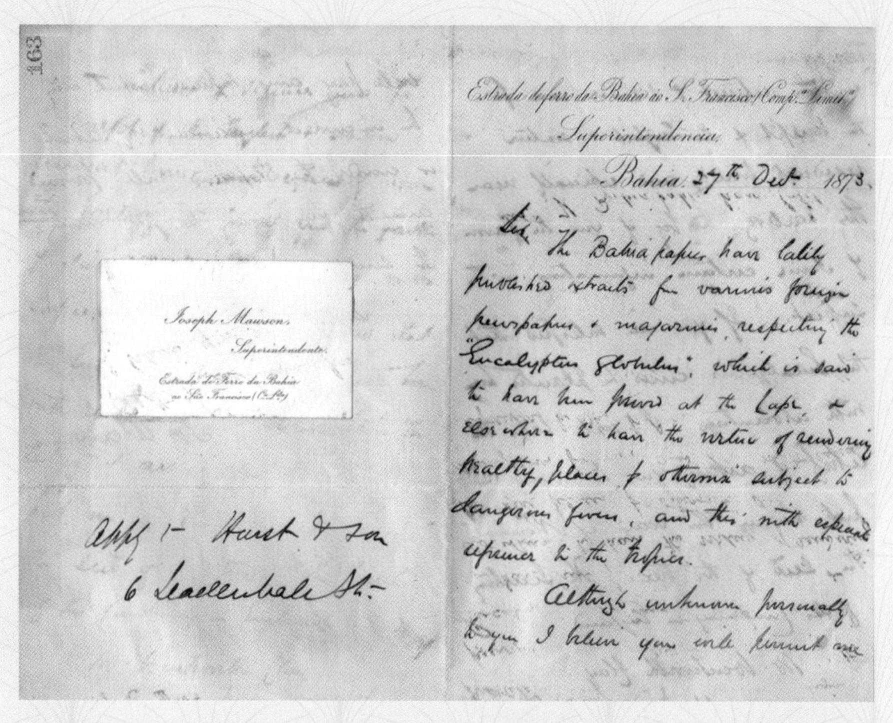

Estrada de ferro da Bahia ao S. Francisco (Comp.ª Limit.)
Superintendencia.
Bahia 27th Oct. 1873.

Sir,
The Bahia papers have lately published extracts from various foreign newspapers & magazines respecting the "Eucalyptus globulus" which is said to have been proved at the Cape & elsewhere to have the virtue of rendering healthy, places otherwise subject to dangerous fevers, and this with especial reference to the fevers.

Although unknown personally to you I believe you will permit me

Joseph Mawson,
Superintendente.
Estrada de Ferro da Bahia ao São Francisco (C. Ld)

Apply to Hurst & Son
6 Leadenhall St.

in the interest of science and for the benefit of the English & native residents here, and especially near this Railway, to beg of you the favour of some certain information on the subject. If you are satisfied that the Eucalyptus can be planted here with advantage I will take the liberty of asking you to send or put me in the way of obtaining the seed of the tree. The Secretary of this Company in England

Mr. Wentworth Clay

will pay any expenses which may be incurred

I remain, Sir,
Yours very truly,
Jos. Mawson

Dr. J. D. Hooker F.R.S.

对页图：
赤桉，约翰·埃德尼·布朗，《南澳州植物区系》，1892—1893年。

1873年10月27日，巴西巴伊亚州巴伊亚和圣弗朗西斯科铁路有限公司主管约瑟夫·莫森写给邱园园长约瑟夫·道尔顿·胡克爵士的信件和名片。

莫森在给胡克的信中指出，巴伊亚州的报纸报道在好望角和其他地方发现的蓝桉树有药用特性。他在信中请求，如果胡克认为桉树能够在巴伊亚成功种植，就请他寄送些桉树过来。

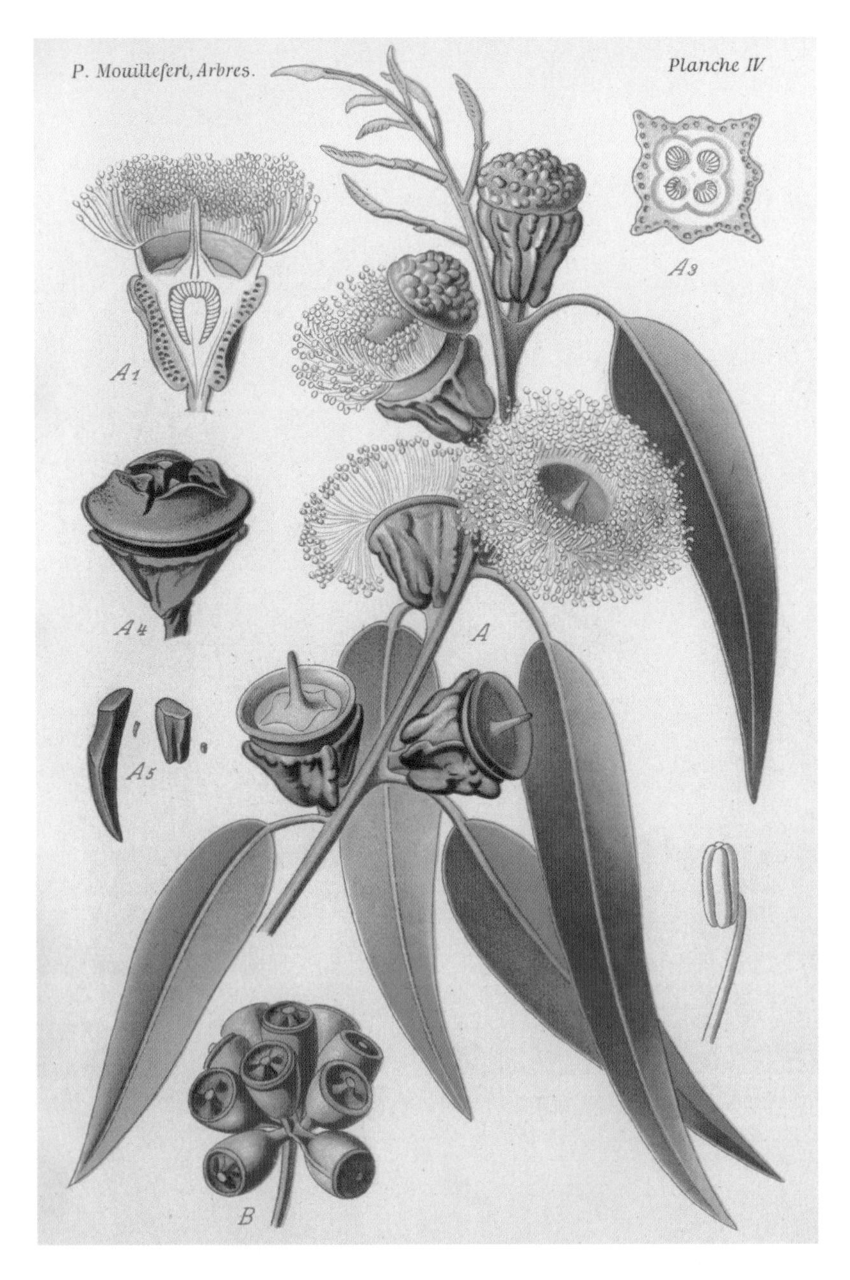

落，使它们的生存受到了威胁。

但并不是所有的桉树都能长成枝繁叶茂的参天大树，莫里斯比桉树就陷入了困境。这一树种体型不大，最高能长到 12 米，在它的家乡塔斯马尼亚岛，如今只在两处发现了其身影，它被世界自然保护联盟评为“濒危”物种。其种群数量也不容乐观：在卡尔弗特山自然保护区，0.115 平方千米的范围内只有不到 2000 棵，而其他地方生长得更加零零散散，总面积加在一起不足 0.01 平方千米，树木数量不到 200 棵。这 2000 多株莫里斯比桉树标本，是莫里斯比桉树避免野外灭绝的最后希望。

气候变化正在慢慢侵蚀这种树的恢复力。它偏爱潮湿的栖息地，而随着夏季更加炎热和干燥，它的现有栖息地的生存环境变得更加糟糕，莫里斯比桉树只能撤向更潮湿的沟渠。在其分布的边缘地带，放牧、昆虫蚕食和发展农业进行的土地开垦给环境带来进一步的压力，正把这个物种推向灭绝的边缘，因此保护卡尔弗特山自然保护区，建立全球的保护计划至关重要。幸亏有种子收集和人工培育，桉树属物种现在得以在植物园中生长，如英国皇家植物园韦克赫斯特园，为其日后能重新移植到野外注入了潜力和希望。

桉树濒临灭绝的遭遇让我们看到环境条件的改变对植物生存的影响之大，我们要认识到以保护生态为基础进行植树造林是人类的责任。远离生物（害虫、疾病）和非生物（气候、地质、水可用性）的生态变化的影响，桉树就会开疆扩土、肆意生长、入侵所到之处。与原生环境相交织，受制于气候变化和放牧的威胁，桉树这一物种就会变得脆弱。保持生态平衡，阻止物种灭绝，人类责无旁贷。

上图：
蓝桉（图 A，图 B 为大叶桉），皮埃尔·穆耶费尔特绘制，《论树木和灌木》，1892—1898年。

对页图：
蓝桉的叶子、花朵和塔斯马尼亚钻石鸟，玛丽安娜·诺斯绘制，1880 年。

14

欧洲白蜡树 / *Fraxinus excelsior*

白蜡树是欧洲林地的基石物种，也是欧洲林地最先种植的树种。它抢占先机开疆拓土，长出了成千上万的幼苗，最终形成林地，并在树种的演替过程中，慢慢地把土地让渡给更长寿的树木，比如山毛榉和橡树。随着林地的成熟，仍有少量白蜡树存留了下来：一旦树冠再次张开，母树就会提供新的树苗。

2013 年，有报道称出现了一种名为白蜡树枯梢病（由白蜡鞘孢菌引起）的新病害，这让人们惊恐万分，认为这种疾病一定会传开，其影响是不可避免的。细菌和真菌孢子利用风来传播扩散，病害从亚洲传到了欧洲，摧毁了欧洲全境的野生白蜡树种群，从 2014 年起，枯梢病越过英吉利海峡，感染了英国的林地。

幼小的白蜡树有着光滑的树皮，很容易寄生地衣，这些地衣泛着白霜的盘窝装饰了树干。随着树的成熟，树皮慢慢开裂，最终在树的表面形成一层粗糙的外壳，看上去和橡树的皮很类似。成熟的白蜡树姿态优美，比例均匀，坚实健壮，低矮的树枝如鸟儿展翅俯冲一般。对园艺专业的学生来说，辨认冬季的树枝是一项艰巨的任务，也是一项仪式，而辨认白蜡树树枝让学生们得到了慰藉，因为白蜡树可以通过乌黑的树芽即刻被辨认出来。白蜡树为羽状复叶：小叶以茎为中轴成对生长，顶生小叶与侧生小叶近似等大或稍大，先端锐尖至渐尖。白蜡树的这一植物特征让太阳光线得以透过树叶，在森林中洒下耀眼的大理石般的光芒，这是在初夏乡村漫步所能看到的奇观之一。

对页图：
欧洲白蜡树，奥托 · 威廉 · 托梅绘制，摘自《德国植物志》，1886—1889 年。

上图：
欧洲白蜡树，奥古斯特·法格绘制，选自路易斯 · 费吉耶，《植物世界》，1867 年。

欧洲各地，从英国到土耳其，在发生白蜡树枯梢病之前，这一树种有广泛的种植分布。白蜡树对各种生态条件都具有较强的适应性，这意味着它通常是砍伐之地最先种上的树种。从河岸到

1
2
3
6
4
5

对页图：
欧洲白蜡树，弗朗索瓦·皮埃尔，《药用植物概述》，1815—1820 年。

上图：
欧洲白蜡树植物标本，收集人 R. F. 霍赫纳克，1838 年，展示在英国皇家植物园邱园。

高地斜坡，到处都能见到白蜡树。非常炎热干旱的夏季和寒冷的冬季这样极端的气候条件下，这种树表现出较少的活力，只能挣扎度过。

白蜡木有着卓越的木质：坚固、韧性好、高热量（燃烧时释放大量热能）。用它制成工具手柄和汽车框架比如摩根跑车的框架，牢固又耐用，而其细密的纹理和浅淡的色泽又为家具制造商所青睐。“白蜡树”这个名字据说来自盎格鲁－撒克逊单词“æsc”，既有“白蜡树”的含义，又有“长矛”的含义，因为白蜡木曾被用来制作打仗用的武器。北欧神话中，雷神托尔用于狩猎的弓箭，箭弓就是白蜡木所制。

在农林气象学中，白蜡树有一个关键的作用：如果白蜡树比旁边生长的橡树先长出叶子，未来的天气状况就不言而喻了。这种来自民间的智慧告诉我们，白蜡树先长出叶子，我们将迎来雨量充沛的、多雨的夏季；反之，如果橡树先长出叶子，那我们将迎来需要储水的、干旱的夏季。

白蜡树枯梢病的传播速度和破坏程度在国际自然保护联盟（IUCN）的评级中可见一斑。短短几年时间，种植最广泛的白蜡树就已经被评为“近危”物种，对于这种被一些人视为如“杂草丛生”般生长的树来说，这简直是难以想象的，它本是那种只要有块空地就能存活的树。感染了白蜡树枯梢病的树木很快就失去了该物种特有的生命力，那些宽阔茂盛的树冠逐渐枯衰，树叶枯萎，梢枝的枝端枯梢为这种病主要的特征。枯梢程度分为四个阶段。到了第四阶段，树木的枯死部分已经多过存活部分，根部开始腐烂，木材变得脆弱，树木随时可能倒下。对于那些道路和人行道上的白蜡树的所有人和管理者来说，这是对于他们管理失责的一种惩罚：第四阶段的树存在安全隐患，必须用机械手段予以清除。

这场导致欧洲白蜡树的数量严重减少的病害危机，其规模之大已经激发了植物科学家和自然资源保护者的全面协调反应，邱园也发挥了主导作用。白蜡树面积庞大，对枯梢病的感染反应也不尽一致，有一些树表现出了抵抗病害的能力，这是这一物种未来值得乐观的一个因素。

英国国家树木种子项目收集了英国白蜡树 90% 以上的遗传多样性，并将它们安全地封存在邱园种子库，作为研究和保护的资源。除了收集种子，该项目还对白蜡树的基因组（其全部的 DNA）展开研究，确定了抵抗白蜡树枯梢病的遗传基础，并据此认为英国白蜡树种群的 5% 拥有这种性状。

这种特性能解决白蜡树的问题吗？在英国各地，正在密切关注监测白蜡树标本中耐药性的协调试验，希望能有一系列可靠的试验结果来帮助这些白蜡树种植园主们。这一至关重要的树种的未来仍悬而未决。

花格贝母 / *Fritillaria meleagris*

花格贝母是暮春初夏的信使。五月初的大不列颠，寒冬的冰冷禁锢终于开始退去。灿烂明亮的白昼逐渐延长，明媚的阳光愈发温暖了起来。作为最优雅迷人的花朵之一，花格贝母的绽放更增添了盛夏即将来临的感觉：美丽非凡的棋盘格花纹的花瓣组成的花朵，随风颔首，花头像一盏发光的灯笼，映着太阳，熠熠生辉。它通体沐浴在阳光的漫反射之中，完全沉浸在自身的美丽中。

花格贝母是生长在湿地的植物，尤其是在最富有诗意的河边草地。如果春天空气潮湿、气候温和，河边草地上便会布满成千上万的花格贝母这种单子叶植物。它们从短草中钻出来，创造出真正的野花奇观，不逊色于任何一个高山草甸。像达克灵顿草地、伊夫利草地、福克斯贝母草地这样的英国景点，已然成为野花寻觅者的朝圣之地，贝母花短暂即逝的繁花期更增添了它的吸引力。

河边草地是早期土地耕作和排水技术发展的副产品，可以追溯到13世纪。在初秋割草和放牧时，这些非开发式的管理方法给现有草甸群落带来了轻微的压力，确保了不会有单个物种一家独大地主宰草甸生态。在草丛温柔的怀抱中，在没有灌木丛遮挡的阳光滋润下，花格贝母在茁壮成长。英国许多物种丰富的生物栖息地都有相似的属性——本质上是农业发展缓慢所产生的附带结果：榛树林提供了威尔登日常生产煤炭所需的燃料，也创造了野花与蝴蝶喜爱的荫凉地；欧石楠

右图：
花格贝母，摘自詹姆斯·索尔比，《英国植物学》，1869年。

对页图：
花格贝母，爱德华·雷格尔绘制，《花园植物》，1853年。黄色的花是金合欢。

206. Fritillaria Meleagris L.
Schachblume

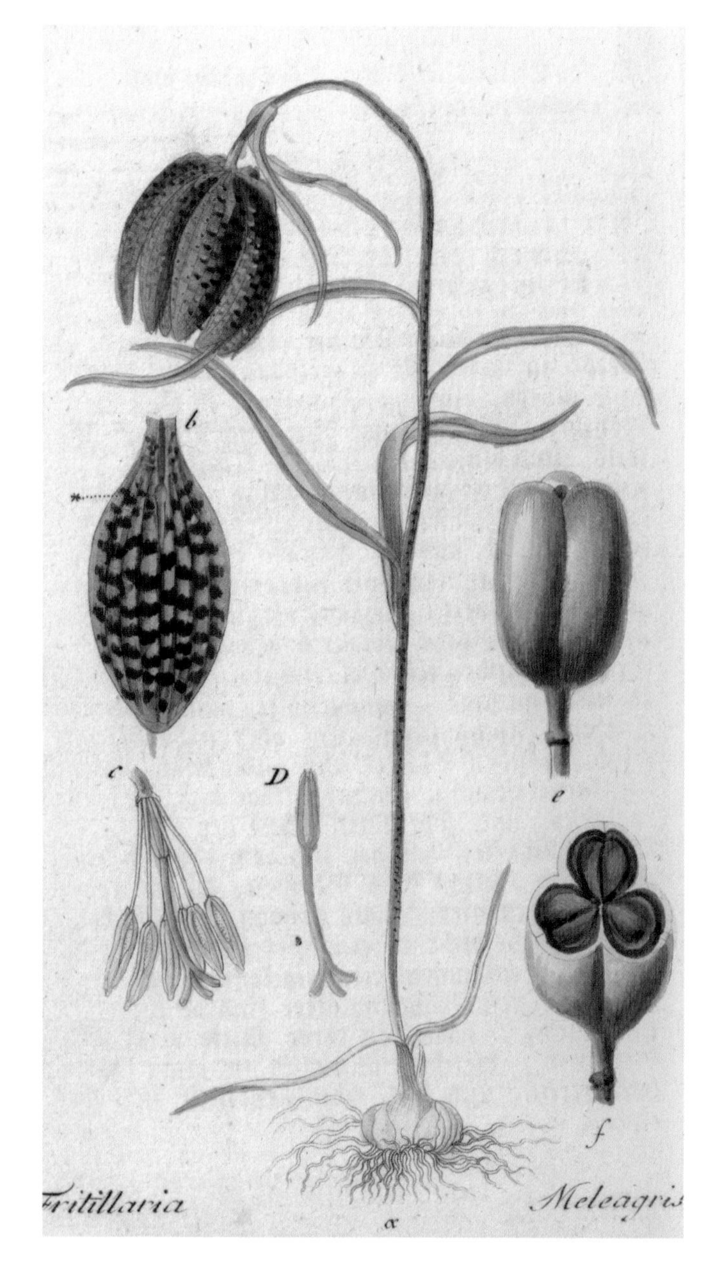

上图：
花格贝母，雅各 · 斯图姆绘制，摘自《德国植物志》，1804—1806 年。

对页图：
花格贝母，奥托·威廉绘制，摘自《德国植物志》，1886—1889 年。

灌木丛林则是放牧小马的理想场地，也成为了英国最优质的爬行动物的栖息地。

这些一半自然一半人为的景观，其繁荣完全依赖于人类的管理，良好的管理是对自然演替进行巧妙的处理。第二次世界大战后，养育了花格贝母的慢节奏生产力遭遇了翻天覆地的变化。排水技术的进步让更多的密集型农业迁到距离河流更近的地方；施用促草氮肥只有助于精选的少数物种。在伊夫利草地等地，花格贝母的数目急剧减少，仅剩下几百个个体，它被视作国家罕见的野生花。气候变化对这种只适应特定生存环境的植物来说也是一大威胁。春天，令土地枯涸的干旱与浸透土地的暴雨同样具有破坏性。像花格贝母这样的植物，它们需要湿润的环境，但绝非过于潮湿——在这种极端的气候条件下它们只能艰难地生长。

万幸的是，一些郡属野生生物信托组织等自然保护单位目前正悉心管理着许多英国最好的花格贝母生长的草地，在他们专业的保护和管理之下，花格贝母的数量得到了提升。最重要的是，非禾本草本植物（开花植物）的种子必须在夏季的干草收割之前进行播种，草割下来后会被移走，这样一来更具活力的植物从草地得不到充分的营养，就帮助了竞争力弱的植物，使它们得以存活。压力与干扰是重要的生态保护手段，它们给相对更具活力的植物的生长带来压力，为需要生存与播种空间的弱势植物提供机会。将羊群与牛群带到收割后的草地上放牧，其结果就是一段时间过后，动物踩踏的脚印给了弱势植物种子生根发芽的生态位，正是这样的压力与干扰，增加了植物多样性提升的概率。花格贝母的没落与重新崛起，凸显了人类管理对生物多样性所担负的责任。人类早期的农业耕作干预改变了自然景观，形成了草地、荒地和湿地，同时提供了宝贵的材料，如干草、木材和芦苇。了解这些生物栖息地的现代价值，不仅需要将它们视作野生生物资源丰富的栖息地，而且还要将它们视作能够提供诸如防洪减灾或碳中和等服务的资产，这为环境保护行动注入新的动力，也驱使着我们努力维护好满是鲜花的河边草地。

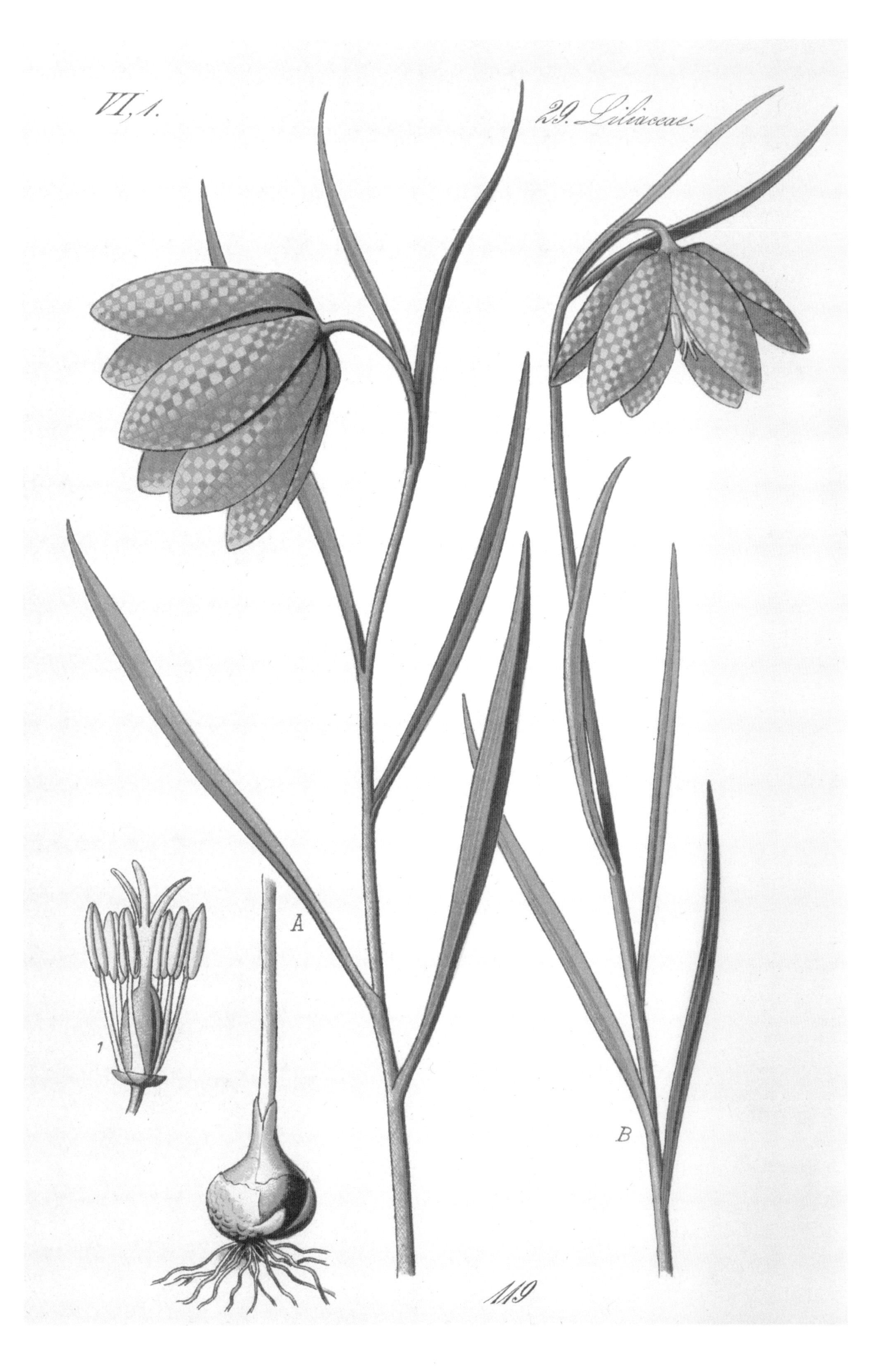
VI, 1.
29. Liliaceae.
A
1
B
119

XXXIII.
FRITILIARIA,

ALBO FLORE PVRO. PVRPVREO FLORE PVNCTATO.

MEleagris hæc planta quoque ab ave Meleagride, cuius plumas flos huius imitatur, dicta est; & Narcissus Caperonius, ab inventore; ex liliorum esse genere videtur. Huic priori cauliculus pedalis est, & interdum longior, rotundus, gracilis, firmus tamē, cavus, coloris ex purpurâ virescentis, sed obscurioris, quem sena vel plura inæquali serie ambiunt folia, brevia, angusta, nonnihil carinata; summo autem fastigio sustinet flores geminos, nutantas, nolæ vel tintinabuli instar pendulos; quorum singuli sex constant folijs, rectis, candidi coloris, circa mucronem ex viridi paululum flavescentibus; è floris vmbilico sena prodeunt stamina alba, flavis apicibus prædita, mediusque stylus itidem albus, longior, & extremâ parte trifidus, odore nullo.

Posterioris verò flos purpureus est, foris dilutioribus maculis admodum eleganter & distinctè compositis, ornatus, internè autem non minùs nigris strijs lineolisque aptè intercurrentibus, delectabilis; in cuius medio oriuntur sex staminula subflava, cum stylo eiusdem coloris. Radix ex bulbo quoque porraceo constat, subrotundo, candido.

XXXIIII.
FRITILLARIA,

FLORE LVTEO MACVLIS SANGVINEIS NOTATO. MAXIMA, PVRPVREO FLORE, POLYAN:

FRitillaria, quæ hîc prior exprimitur, florem fert sanè jucundâ colorum & macularum mixturâ insignem; cuius folia aurea, elegantibus sanguineis maculis, apto ordine, distinctis, conspersa, mirum quantùm spectantium oculos detineant; habentque insuper foris extantes per medium neruos subvirides, suam etiam flori addentes gratiam.

Altera quæ sequitur, Frittillaria maxima dicta, florum numero admodum fœcunda est; nec tamen suâ destituitur elegantiâ, cùm purpureus in singulis color, retium formam exprimere, jucundâ nunc saturitate, nunc dilutissimâ coloris differentiâ, videatur.

各种贝母的拉丁文说明（上图）和附图（对页图）。选自 1614 年克里斯皮恩·凡·德·帕塞所著《植物图集》中的几页内容。

克里斯皮恩·凡·德·帕塞是一位荷兰版画家和出版商，也是凡·德·帕塞版画家族的成员。他为许多书籍绘制肖像画和版画作品，不过《植物图集》是他自己非常受欢迎的著作，书中包含了按照季节排列的 150 多种植物，最初用拉丁语出版，后来被翻译成英语、荷兰语和法语。

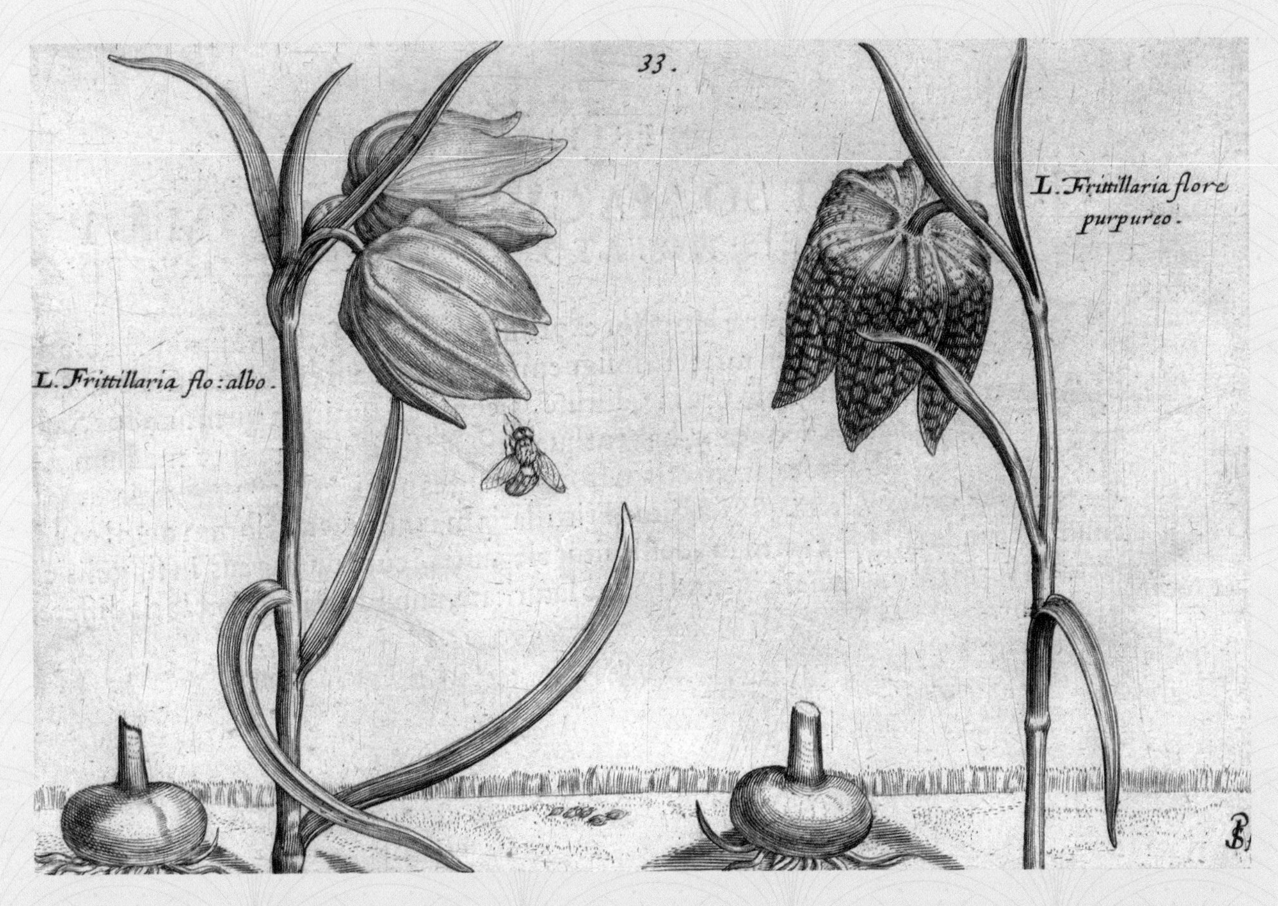
33.
L. Frittillaria flo: albo.
L. Frittillaria flore purpureo.

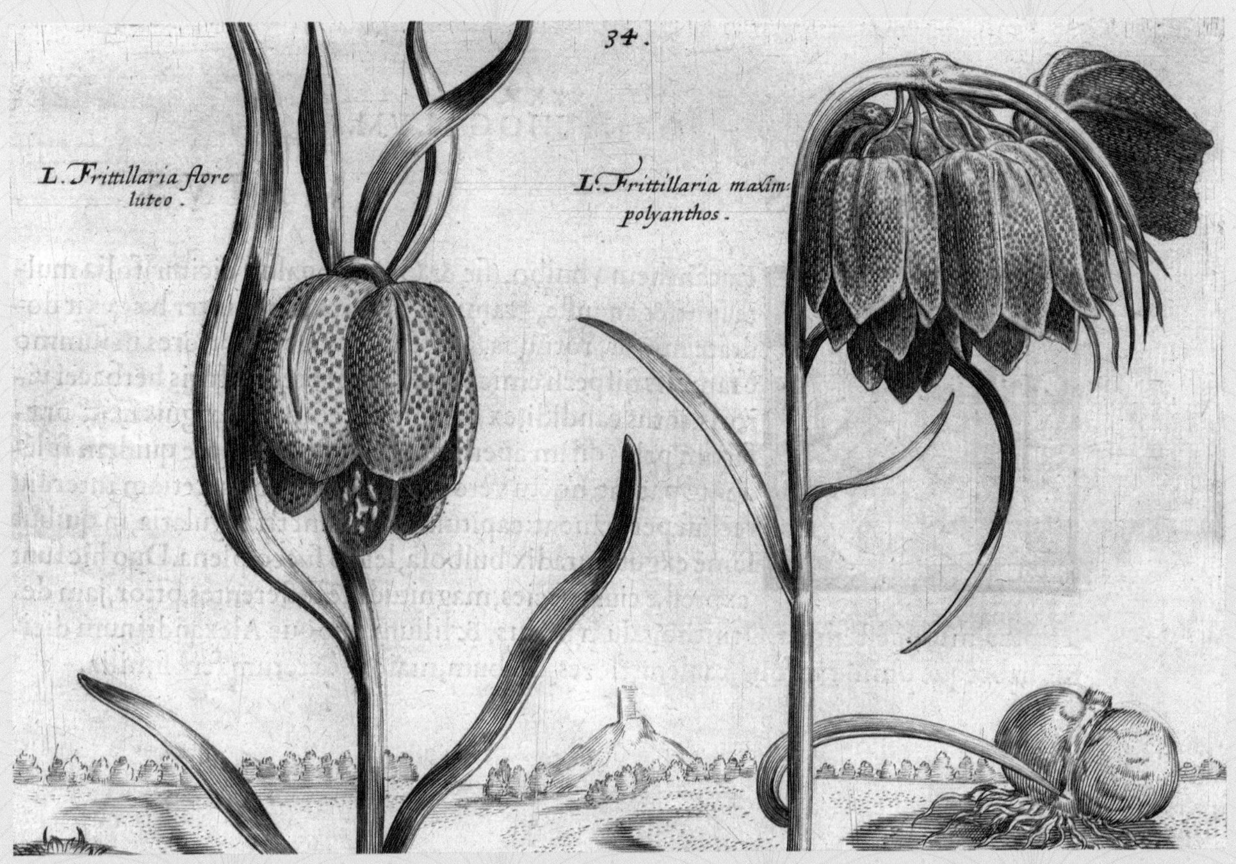
34.
L. Frittillaria flore luteo.
L. Frittillaria maxim: polyanthos.

16

雪滴花 / *Galanthus nivalis*

能够点燃人们激情的植物不多，雪滴花就是这为数不多的植物之一。每年都有那么几个星期，大批的雪滴花狂热爱好者云集花园和林地以大饱眼福。在雪滴花的主要生长地区，它们无私地向人们展示着自己的美丽。雪滴花长在低处，人们可以很方便地托起它那下垂的花朵，观察它们是否是记录在册的特定的名贵品种。罕见的雪滴花鳞茎，在市场上的售价可以高达每个几百镑。

雪滴花生长在开阔的落叶林地带，是春天最早开花的球根植物，它的绽放代表着冬天正在远去。冬季树叶凋零，光秃秃的树冠不再可能遮挡阳光，这为雪滴花提供了额外的光照，2 月到 4 月是雪滴花的花期，大量带有白霜的落叶为地下鳞茎注入新的活力。2 月份传粉的昆虫相对较少，但对雪滴花来说这并不成问题，幼年的大黄蜂甚至蚂蚁都能为其提供所需的服务。

在雪滴花属里，雪滴花最为人所熟知，且种植范围最为广泛。虽然有大量的雪滴花遍布英国的林地和灌木篱墙，但它们并不是这些地方的原生植物，而是移植过来的。尽管雪滴花很少具有侵略性或入侵性，但它们很早就被移植到这些地方，慢慢地也就占据了自己的一片天地。野生雪滴花分布在欧亚大陆：从法国开始，向东一直到俄罗斯联邦都能见到它的身影。雪滴花其学名意为“牛奶花”，绽放之时，白花摇曳一片纯净，遍开的花朵盛况空前，成为开花时节花期日历中最引人注目的一个时刻。

对页图：
雪滴花，威廉·巴克斯特绘制，摘自《英国显花植物》，1834—1843 年。

右图：
雪滴花，乔治·克里斯蒂安·奥德绘制，摘自《丹麦植物志》，1761—1883 年。

230　R. DODONAEI STIRPIVM HISTORIAE

Leucoion bulboſum triphyllon.

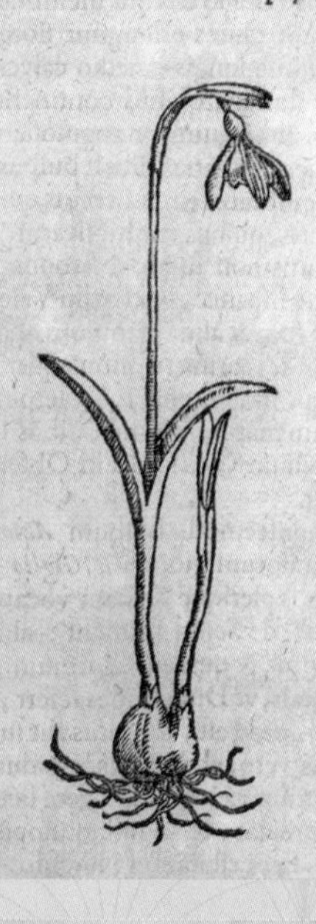

Leucoion bulboſum hexaphyllon.

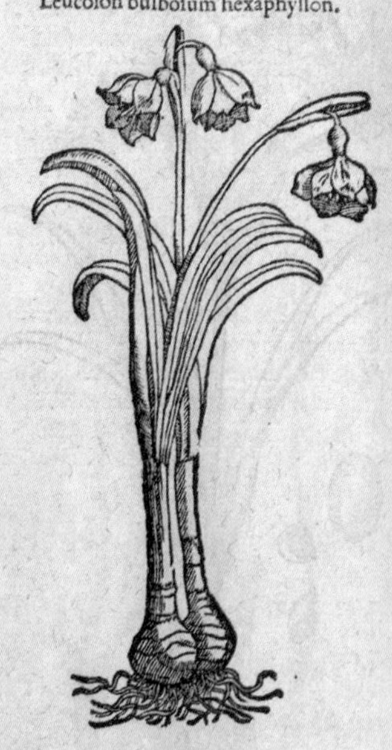

De Leucoio bulboſo.　CAP. XXVI.

LEVCOII bulboſi tria nobis obſeruare genera contigit: vnum Trifolium: alterum Hexaphyllon: tertium Polyanthemon cognominari poteſt.

1. Primum folia ex ſingulis bulbis bina promit, oblonga, anguſta, in virore albicantia, foliis Pſeudo-Narciſſi lutei colore proxima, inter quæ medius exit cauliculus palmaris, in cuius ſummo flos è vaginula oblonga erumpit, à tenui pediculo deorſum dependens, foliolis tribus conſtans maioribus, candidis, intra quæ alia tria breuiora ac minora, pallidè virentia, & aliquantulùm ſtriata, in medio floris ſtamina cùm apicibus luteis: radix bulboſa eſt, foris obſcuri & eius cuius Caſtaneæ nucleus, coloris, quæ facilè in plures bulbos multiplicatur.

Peregrinus Belgio flos, ſed Italiæ & aliis regionibus familiaris.

Exit præmature Februario menſe, reliquos omnes ferè flores antecedens.

Leucoion videtur bulboſum Theophraſti, cuius meminit lib. 7. vbi bulbos recenſet: & quod lib. 6. primum ſeſe oſtendere ait, & emicare vbi cælum clementius eſt, ſtatim etiam nondum hieme exacta; vbi verò immitius, poſteà. Nos ad differentiam ſequentium, non inconcinnè Leucoion bulboſum triphyllon, & Violam bulboſam trifoliam, nuncupari poſſe exiſtimauimus, à tribus nempe floris foliolis.

2. Proximo generi folia ſimiliter ſunt anguſta, Porri & Pſeudo-Narciſſi ſimilia, ſed breuiora, virentiora, læuiora & magis reſplendentia, verſus terram aliquatenus reflexa: cauliculi tenues, palmares; flores in ſingulis ſinguli, rariſſimè gemini, deorſum quoque penduli, colore candidi, ex ſex foliolis aliquantulùm ſtriatis commiſſi, ſtaminibus in medio cum luteolis apicibus: ſemen in rotundis capitulis paruum, rotundum, læue, & colore flauum: radix candida & bulboſa in plures facile propagatur.

Pleriſque Germaniæ ſuperioris locis in vmbroſis & humidis ſiluis reperitur: apud Belgas hortorum areas exornat.

Floret eodem, quo ſuperius, tempore, aut non multò pòſt.

Germani Weiſſe Hornungs blumen: Noſtri Witte Tydelooſen appellant.

V　　Leucoij

对页图：
雪滴花，罗伯特·约翰·桑顿绘制，摘自《林奈植物性别系统画册》《植物圣殿》（或称《自然的花园》），1807年。

摘选书页出自莱昂哈特·福克斯于1542年出版的《植物志》。其中有对雪滴花的拉丁文描述和附带插图。

福克斯1501年生于德国，是植物学的奠基人之一。他所著的《植物志》是一本有关植物学的论著，该书对植物的分类是根据植物的外观而不是民间传说或神话进行的，对植物的描述比以前更为准确，成为早期植物分类学的开端。该著作有拉丁文、希腊文和德文版本。

左图：
雪滴花，简·科普斯绘制，摘自《植物志》，1800—1846 年。

对页图：
雪滴花，阿梅迪·马斯克利夫绘制，摘自《法国植物图册》，1893 年。

雪滴花不仅仅是一种观赏植物。它的鳞茎里含有一种药物成分：加兰他敏（在其他相关植物中也有发现，如水仙花）。从 20 世纪 50 年代开始，这种药物用于抑制早发性阿尔茨海默病患者的认知能力下降，在 20 世纪末活性生物碱化合物合成之前，最初它是从雪滴花的鳞茎中提取出来的。另一种雪滴花衍生出的活性化合物——雪滴花凝集素，是一种有效的天然杀虫剂，其在抑制艾滋病病毒方面的功效目前也正在研究之中。

雪滴花贸易导致野生雪滴花种群不断减少。在其本土分布的东部，大量的雪滴花被挖掘出来流转于国际鳞茎贸易，其数量之多已阻碍了野生种群的再生。土地用途的变化增加了野生雪滴花的生长压力。像在乌克兰喀尔巴阡山脉这样的地区，雪滴花喜爱的山麓丘陵生长地越来越多地被改造成住房和户外休闲活动场所。其生存面临的持续压力，在《国际自然保护联盟（IUCN）濒危物种红色名录》的评级中得到了体现，被评为“近危”物种，这与这种植物以绚烂的野外天然展示场景而闻名形成了奇怪的对比。

《濒危野生物种国际贸易公约》（CITES）是一项旨在挽救像雪滴花一样式微植物的国际协议。如果控制保护措施能够成功应用，那么市场贸易应从注重金钱收益转向只有来源可溯、合法的鳞茎才允许拿到市场进行变现，那些掠夺性采收而来的野生鳞茎则不允许上市交易。只需如此简单地改变鳞茎的采收方式，雪滴花就可以在其野外栖息地得以保留。

雪滴花是很容易繁殖的植物，只需将附着在鳞茎周围的鳞片剥离，并诱导其生根，便可形成新的植株。在苗圃中培育时，雪滴花随着数量的增加而增大，大的雪滴花可以通过分球、分株和鳞片繁殖的方式进行繁殖。植物园可以通过鼓励种植而不是掠夺式的开发，来支持这种具有标志性的、受到威胁的植物，同时为当地的种植者提供繁殖技术方面的建议意见。雪滴花的经济价值源于其非凡的美丽。确保本土分布的雪滴花贸易恢复可持续发展，将有助于保护其未来。

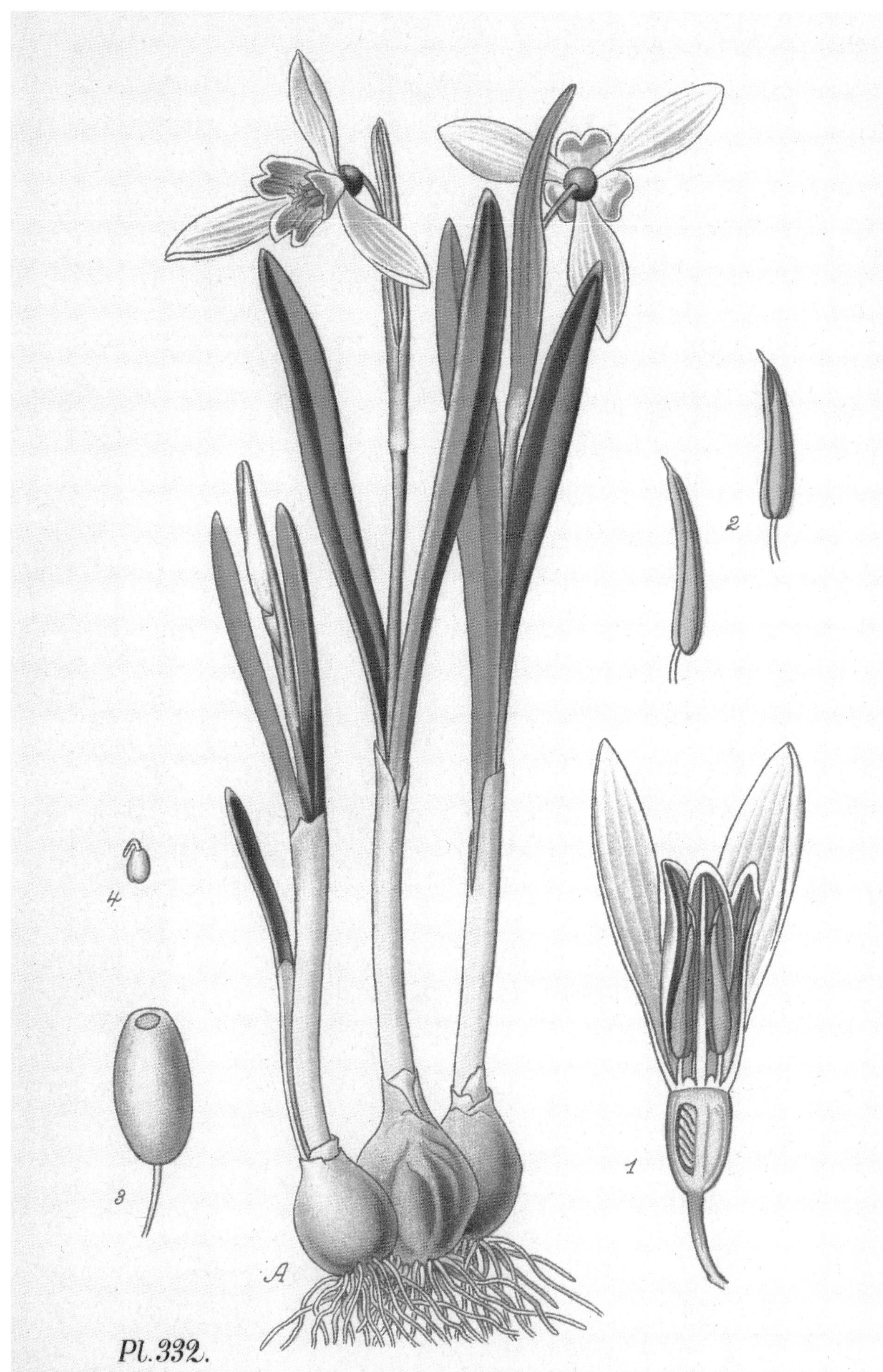

Pl. 332.

Galanthine des neiges (Perce-neige). Galanthus nivalis L.

17

染料木 / *Genista tinctoria*

盛夏时节，七八月份，在英国那物种丰富的草原上开满了金黄色的染料木。染料木曾经是人类早期经济上所依赖的植物之一，它也是英国大片草地丧失、生物多样性减少的标志，如今得益于积极的保护计划，它重新焕发生机，草原的生物多样性也在逐渐恢复。

染料木是豆科的一种结实、灌木状的植物，它生长在丛生的青草和物种丰富的草甸上，簇生，紧密而又直立。它那引人注目的金色花朵生长在一个叫作总状花序的结构中，在药水苏和麻花头浓郁的粉红色映衬下，更加鲜艳夺目。

与草甸的固有植物相比，染料木实在是缺乏竞争力，它是后期物种演替、物种丰富、草甸成熟的一个象征性指标，它的存在表明草地上的物种达到了高度的资源共享，也称为生态位互补。染料木的花朵富含花蜜，这种花蜜是五种蛾子的食物来源，这些蛾子完全依赖染料木获得营养。

染料木生长在英国、欧洲、高加索和中亚地区的酸性、营养贫乏的草原，包括河岸和林地的边缘。尽管它仍然存在于大不列颠，但它以前的栖息地特别是英格兰中部和东部的栖息地，已然大量消失。要确定染料木的民族植物学起源并不难，从维京考古可以找到证据，能够证明这种植物曾被用来制造染料。该植物的所有部分都能生产出明亮的金黄色色调染料，并且能够给包括皮革在内的一系列织物染色。当它与靛蓝色混合后，会形成亮绿色。

染料木在生态学上是一种没有竞争力的植物，直接在草地上播种，它是很难成活的。要它成活的第一步是先降低物种间的竞争水平：收割掉草地上的青草，降低土壤的营养水平，此外可以引入草原的寄生植物鼻花，进一步降低草地的

上图：
染料木，格奥尔格·克里斯蒂安等绘制，摘自《丹麦植物志》，1761—1883年。

对页图：
染料木，莎拉·德雷克绘制，摘自爱德华兹，《植物学登记》，1844年。

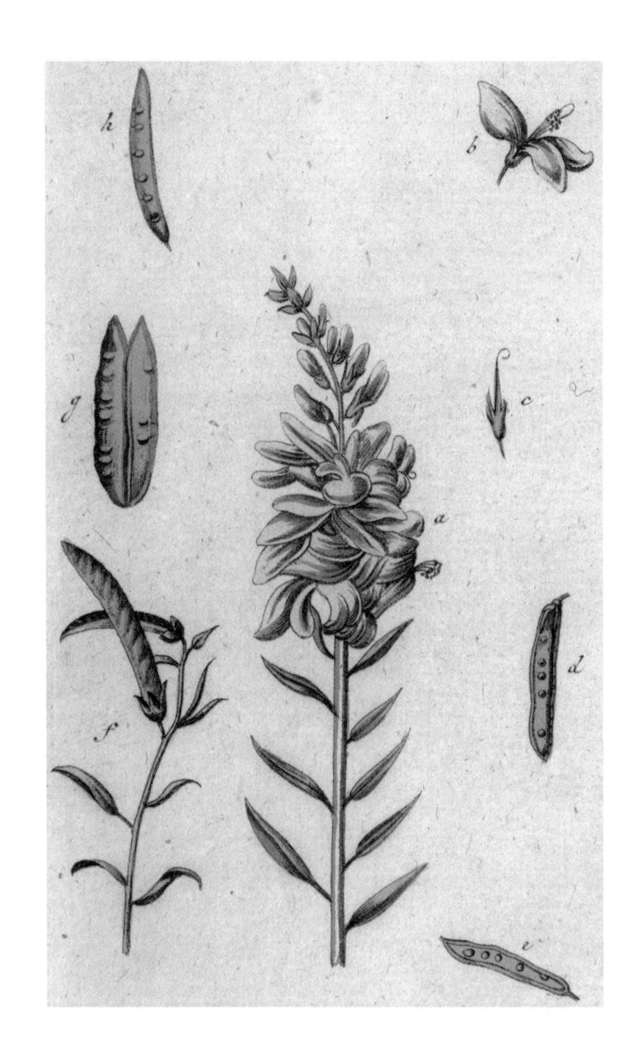

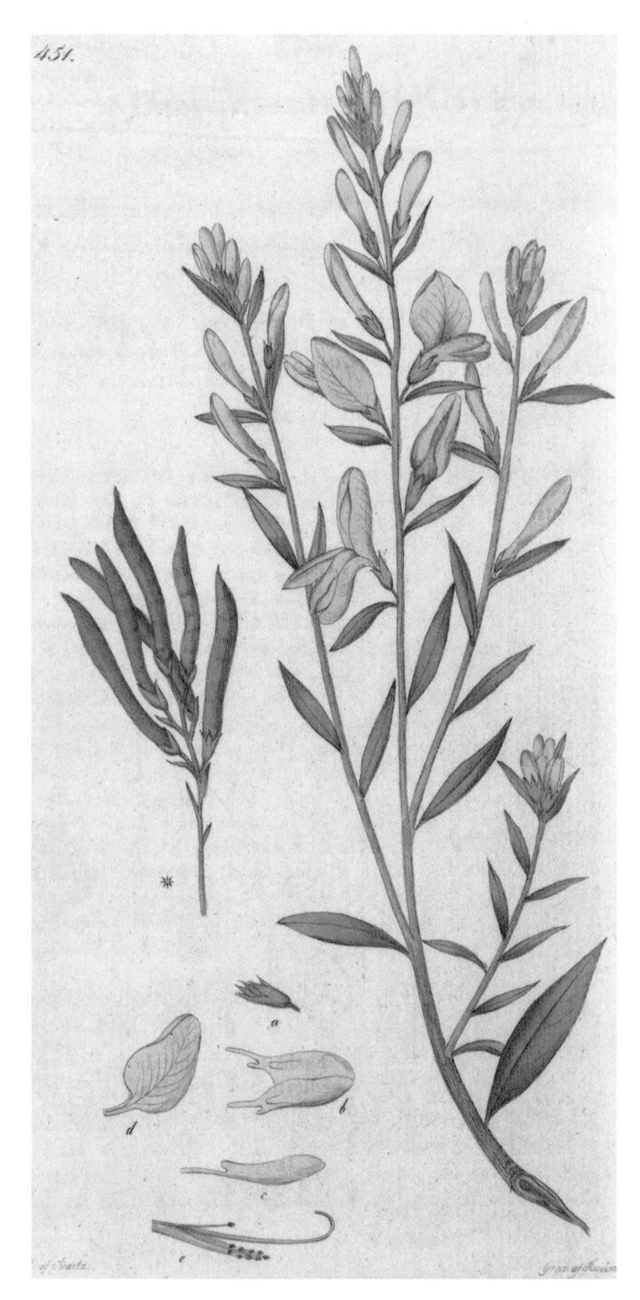

左上图：
染料木，迪特里希·莱昂哈德·奥斯卡普绘制，摘自《荷兰画家绘制的药用植物图像》，1800年。

上图：
染料木，约翰·威廉·帕姆斯特拉赫，《瑞典植物学》，1812年。

活力，这样一来就为染料木营造出一个有力得多的竞争环境。韦园是英国皇家植物园的野生植物园，位于苏塞克斯郡，这儿用熟练的繁殖方法培育了数千株根系强壮的扦插染料木植物，把它们直接种植在草原上，加速了原本需要几十年时间的物种演替过程。

虽然世界自然保护联盟（IUCN）对染料木最不担心，其在英国的国家地位看起来也令人放心，但一项精细的分析却揭示出不同的状况。作为英国草原物种丰富标志的植物，染料木在英格兰被评为“濒危”级别，与此同时，草地面积也在急剧下降。自第二次世界大战以来，物种丰富的草原中的97%都已消失，这是土地用途的迅速变化和农田全年耕作的农业技术（如冬小麦）的应用带来的结果。对土地生产力的狭隘观点意味着只关注耕地的即刻经济回报。

景观建设能够加强美丽风景的固碳能力，为当地的农业提供传粉媒介，刺激旅游业和健康产业，其价值应该作为对土地管理的经济考量的一部分。因此，激励管理者为草地提供有效的恢复措施，是对金光闪闪的染料木的最好保护。

GENISTA TINCTORIA. CAP. LXIX.

Geniſta tinctoria Hiſpan.

Geniſta tinctoria vulgaris.

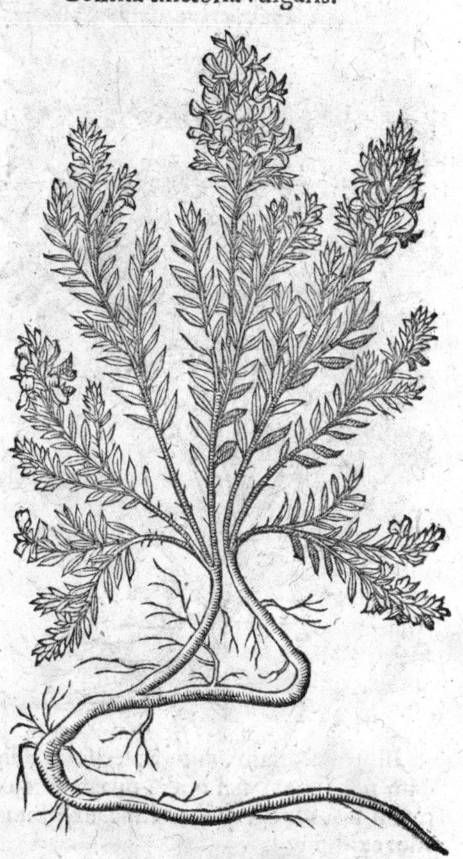

AD duorum cubitorum altitudinem creſcit interdum hic frutex, nudo ſtipite, enodi, recto, digitali craſſitudine, candicante cortice tecto, qui in multiplices breveſque ramos, tenellos & fragiles ſumma parte dividitur: hos ornant folia Lini aut Thymelææ, frequentia, ſupernè virentia, infernè verò incana & argentei planè ſplendoris, guſtus initio exſiccantis & nonnihil adſtringentis, deinde ſubamari: flores ſummis ramulis naſcuntur ſpicatim congeſti Geniſtæ tinctoriæ Germanicæ ſimiles, lutei. Tota planta elegans eſt aſpectu.

Geniſta tinctoria Hiſpanica.

Quo tempore floret, ſub ea creſcit Hæmoderi quoddam genus elegans, pedalis altitudinis, brachialis interdum craſſitudinis, multis floribus à medio ſcapo ad ſummum uſque exornatum, magnis, oblongis, luteis, extrema parte hiantibus & in quinque partes diviſis: totum humidum eſt, pingui oleaginoſaque materia turget.

αἱμόδωρον.

NVSQVAM hunc fruticem conſpiciebam, quàm Murciano regno ſecundùm vias naſcentem, & Martio menſe florentem. Incolæ ſtirpem ipſam *ſcopa* appellabant, Hæmoderum autem ſub eâ naſcens, *yerua tora*, quia forſitan ſi vaccæ eo veſcantur, ad venerem excitatæ taurum appetunt.

染料木的描述与附带的插图，选自卡罗勒斯·克鲁斯，《珍稀植物历史》，1601年。

15至16世纪，植物学史上，一位重要的植物学人物，卡罗勒斯·克鲁斯，将他之前出版的《西班牙植物志》《奥地利植物志》和《匈牙利植物志》结合起来，出版了这本书。“现代植物学之父”卡尔·林奈为了纪念他，以其名字命名了书带木属植物。

18

喜马拉雅龙胆 / *Gentiana kurroo*

对于勇敢的登山者来说，自然界给予他们的回报没有比喜马拉雅龙胆更好的了。喜马拉雅龙胆是高海拔地区的圣洁之花，只在充足的阳光下才会绽放；想象在艰难的攀爬之后，眼前突现一片鲜花盛开的草地，绝对是一件令人欣喜的事情。喜马拉雅龙胆甚至已经成为描述一种浓郁的紫蓝色的代名词，成了一种定义颜色的植物。

龙胆属植物分布广泛，包含325个公认的物种，并有一些奇异之处。被命名为喜马拉雅龙胆的这一属植物，源自引人注目的高海拔蓝色龙胆，但在较低的高山草甸，还发现了龙胆属令人惊讶的亲属：体形大而强壮的黄色龙胆，还有往往是红色的安第斯龙胆。

龙胆属植物分布于温带的欧洲、亚洲、非洲、新西兰、澳大利亚和美洲。

在苏格兰高地海拔900多米之处，我们发现了龙胆（高山龙胆），龙胆之美让大不列颠受益颇多。

这是一种珍贵的花园植物，高山花园的园丁们花了大量的时间和精力，特别复制出这种花所需要的苛刻高山生长环境：寒冷、通风良好、排水迅速，并有遮挡大雨的地方。这使得传统的高山温室建造的外观很古怪：只有屋顶没有侧立面。这种设计显然不是为了保暖而建的。

喜马拉雅龙胆是喜马拉雅地区的重要植物。它分布在喜马拉雅的西北部，集中在克什米尔和喜马偕尔邦，生长在海拔1500到3000米的地方（译者注：经查证，有说喜马拉雅龙胆生长于海拔4100—4550米）。这种多年生的植物生长在裸露的南坡上，绽放出色彩鲜艳的紫蓝色花朵，无论在草地抑或是在石堆，它都能活力四射地生长。喜马拉雅龙胆的花朵很漂亮，但其药用特性才是

对页图：
喜马拉雅龙胆，哈里特·西塞尔顿–戴尔绘制，摘自《柯蒂斯植物学杂志》，1880年。

上图：
展示在英国皇家植物园邱园的喜马拉雅龙胆标本。

Typhonium divaricatum.—One of the most remarkable among the curious plants now in flower at Kew is this Aroid, presented to the Gardens by Dr. Regel, of St. Petersburg. It much resembles the common Cuckoo Pint of our hedges as regards foliage, but the flower is very different. The spathe is of the deepest claret colour overlaid with a velvety lustre, and the long tapering spadix is half cream and half reddish-purple. The odour emitted by the flower is by no means pleasant, reminding one of that of the Carrion Flowers (Stapelias).

Muscari Szovitzianum.—This is without doubt the finest of the Grape Hyacinths, and one that fairly represents for ordinary purposes all the kinds in cultivation, as it comes early into bloom, and continues in blossom till the latest kinds have done flowering. In colour the blooms are a beautifully clear blue, the teeth of the corolla being white. The spike is large, of an oval shape, and larger than that of other species. At Kew, the Hale Farm Nurseries, at Tottenham, and other places round London, it is among the most conspicuous of spring flowering plants.

Caltha leptosepala.—This is new to cultivation, and is quite distinct from any other on account of its flowers being white instead of yellow—a colour so prevalent in this and allied genera. The leaves resemble those of the ordinary Marsh Marigold, though somewhat smaller, and the flowers, which are nearly 1 in. across, are produced on erect stems about 6 in. high. It is an interesting bog plant, which thrives perfectly well associated with other plants of a similar character. It inhabits alpine regions in the Rocky Mountains and adjoining districts. It is now in flower in several of the hardy plant nurseries about London, and notably in that of Mr. Ware, at Tottenham.

Choisya ternata.—This beautiful Mexican shrub, of which a coloured plate was given in Vol. XII (page 232), of THE GARDEN, will shortly be in flower against one of the open walls at Kew, where it has withstood the last three or four winters quite unprotected. Its flowers, which in general appearance resemble orange blossoms, are of a pure white waxy texture, and their perfume is also somewhat similar to that of the flowers of the Orange. Altogether, it is a first-rate shrub, evergreen, and quite hardy, at least in the south. At the Wellington Nurseries, St. John's Wood, Messrs. Henderson have some remarkably fine examples of it against a south wall.

Mertensia oblongifolia.—This little plant, which is as beautiful as it is rare, may now be seen in full flower on the rockery in the Hale Farm Nurseries, Tottenham. In general appearance it reminds one of the Virginian Cowslip (M. virginica), but it is in all respects considerably smaller. It grows about 6 in. high, and has narrow oblong leaves, covered on both surfaces with dense whitish down; and its stems are terminated by a nodding cluster of trumpet-shaped flowers, each nearly 1 in. long; some of these are prettily tinged with pink, but most of them are of a rich clear blue colour, and highly attractive. As to its hardiness there can be no doubt, as it has withstood the past winter quite unprotected; and, judging by the specimen under notice, it is also apparently both in free growth and flower.

The Double Virginian Saxifrage (S. virginiensis fl. pl).—Mr. Max Leichtlin sends us, through Messrs. Barr & Sugden, flowers of this novelty, which have just expanded in his collection at Baden-Baden. It is in every way an interesting acquisition, and moreover a pretty border or rock garden plant. The flowers much resemble those of the double Arrow-head (Sagittaria sagittifolia fl. pl.), though somewhat smaller. They form perfectly pure white rosettes, which terminate the slender branches of the flower stem. Altogether it is as interesting as the type is uninteresting; for the latter has such a weedy appearance that few would care to grow it, though no one would hesitate to give the double variety a place amongst their choicest plants, and we hope to see it in general cultivation soon.

The Rue Anemone (Thalictrum anemonoides).—This little gem might well be called the North American Wood Anemone, for it much resembles the plant which carpets our English woods in early spring. Its flowers are white but sometimes pinkish, and when seen in quantity, as at the Hale Farm Nurseries at the present time, it has a very pretty effect. It seems to thrive best in a peat border, and at the place just named it is grown in company with such plants as Mertensia virginica, Trilliums, and Lady's-slippers.

Saxifraga (Megasea) purpurascens.—We should be glad to learn from any of our readers where this handsome species can be seen well grown, especially when in flower, as we wish to make a coloured illustration of it.

National Auricula Society.—The exhibition of this society for this year will be held in the conservatory at South Kensington on Tuesday, the 20th inst., and it is expected to be of a more interesting character than usual. The recent cold weather has retarded the bloom considerably, and it is to be hoped that the northern growers will not materially suffer thereby. The new classes for Seedlings, Fancy Auriculas, Fancy Polyanthuses, and species of Primula will add greatly to the interest of the show. Roses and miscellaneous groups of plants will also be shown on the occasion, and will add to the interest of the exhibition.

THE FLOWER GARDEN.

GENTIANA ALGIDA.

THIS Siberian Gentian was first described and figured by Pallas in his "Flora Rossica," plate 95. It is allied to the European G. frigida, of which Grisebach regards it as a variety. In habit it closely resembles our native G. Pneumonanthe, though it is rather smaller in stature. Very robust plants are a foot high. The flowers are about 2 in. long, white, or yellowish-white, spotted and streaked with blue. Pallas found it growing with Rhododendron chrysanthum in alpine situations, and it has since been found to have a wide range. Judging from dried specimens and Pallas's coloured plate,

Gentiana algida.

this must be a very fine species. It is grown at Erfurt. by Messrs. Haage & Schmidt. W. B. HEMSLEY.

AURICULAS IN THE OPEN GROUND.

IN recommending the culture of the Auricula in the open ground, everything depends upon the stand-point taken by the writer, because there are Auriculas that would die in a few weeks if so exposed, and an abundance of others that will thrive in the open-air as well as the hardiest of border plants. It may, however, be accepted as a rule that admits of no deviation that just in proportion to the high qualities possessed by the flowers, so are the plants tender and of capricious habit, whilst the coarser the quality of bloom the hardier the plant. To trust show varieties of named sorts to the tender mercies of the weather and open-air would be madness; besides, their tender natures, their singularly delicate beauties, would be utterly spoiled by one white frost or heavy rainfall; and if these beauties are soiled they are far less effective as border plants than are the robust but coarse Continental kinds. Many seedlings from show kinds have coarse uncouth habits and quality, that render them useless for pot culture; these may be planted in the open border in preference to casting them away altogether, but none the less they are not effective border plants. I have grown Auriculas in the open ground here in stiff clayey loam, until they have become huge plants, frost doing them not the least harm; and many, having seen them, have gone into hysterics over them as being something marvellous. Perhaps it is such large showy kinds as these that excite the admiration of your Irish correspondent; but Mr. Horner is the most trust-

对页图：
选自《花园》，1880 年 4 月 17 日。显示了高山龙胆作为“一个很好的物种”的特性。

上图：
喜马拉雅龙胆，玛丽·梅特兰绘制，1823—1832 年。

决定其价值的关键。

作为阿育吠陀医学的组成部分，喜马拉雅龙胆的黑根和根茎干燥处理后有着广泛的应用：可用于抗周期性的疾病，作为祛痰和收敛剂，用于治疗慢性疲劳、支气管哮喘和净化血液。这种植物是一种药用的主材，俗称其为“苦根”（它的学名来自印地语单词“karu”，意思是苦的）。最近的研究证实了喜马拉雅龙胆的药用价值，并从中分离出了丰富的活性植物化合物。口山酮、环烯醚萜类和葡萄黄酮等生物活性物质被证明具有抗菌、抗氧化、抗关节炎和抗炎作用。喜马拉雅龙胆的药用潜力是巨大的，但仅靠野生种群无法满足这种需求。

喜马拉雅地区正受到气候变化的严重影响。夏季气温的上升正将已经高度适应了生长环境的物种推向不宜其生长的气候环境，至关重要的季风雨正在减弱，冰川正在消退。降雨也变得越来越不可预测，2013 年，毁灭性的降雨摧毁了印度北部北阿坎德邦喜马拉雅龙胆的主要栖息地。

在气候变化和野外无限采摘的压力之下，喜马拉雅龙胆无法再生和茁壮成长。在《世界自然保护联盟（IUCN）濒危物种红色名录》上，这种植物被列为“极度濒危”物种，在过去 10 年里，它在印度的数量减少了 80%。

在这一物种灭绝之前，在全面研究其野生种群的药用潜力丧失之前，迫切需要对其进行保护。生物勘探（对有价值的植物进行基因组和生化分析）不仅要注重生物所具有的价值，而且必须强调可持续的生产和采摘方法，不影响物种的野生种群。对喜马拉雅龙胆来说，剩下的时间已经不多了，但是对于那些刚刚被发现的有价值的植物，“保护”需要成为所有商业利益的首要关切点。

朱槿 / *Hibiscus fragilis*

朱槿，其名也柔，其性也弱，在荒野中命悬一线。朱槿这一名称本义是指枝条容易折断、易碎的树枝，但这一物种的培育后代竟会威胁到亲本植物，导致其亲本植物在野外处于濒危状态，倒是挺奇妙的。

上图：
朱槿，植物标本，展示于英国皇家植物园邱园。

对页图：
三叶木槿，米歇尔·艾蒂安·德斯科蒂尔兹，《安地列斯群岛药用植物》，1821—1829年。

艳丽的木槿属培育品种给热带花园增添了魅力。它那喇叭状的花朵是一种非凡的存在，雄蕊从醒目的红色、橙色、粉红色和黄色花朵中炫耀般地伸出。粉色和黄色组成的双色朱槿亦是美艳逼人。相对于这些引人注目的花朵，支撑它们的是长着锯齿状叶子的细长灌木。

木槿属植物具有悠久的民族植物学传统，木瑾属玫瑰茄在中国和非洲广泛用于油画颜料、药物和食品。最近的研究已从玫瑰茄（有时称为洛神花）中分离出具有潜在医用价值的植物素。木槿属植物的国际贸易规模巨大，全球年产量为1.5万吨。

朱槿属植物是一种国际园艺商品，这种灌木被广泛用于热带、亚热带和地中海气候国家的景观美化。即使最惹人注目的栽培品种也有其野生起源，通过选择性的培育，慢慢地放大人类希望拥有的那些植物特性。从鉴定一个有吸引力的野生性状到培育出可供销售的商业品种，这一过程可能需要几十年，这是一个控制杂交和选苗的艰苦过程。

与人工培育的木槿品种相比，朱槿显得优雅低调，它的花朵颜色从粉红色到绛红色很是引人注目，与它光滑的常绿树叶也很搭配。在野外能找到它，见识到它的美丽是很具有挑战性的：它只生长在毛里求斯岛的两座山上。有10株已知的成年朱槿属植物生长在加尔达山上，最近在布拉班特山上又发现了26株，增加了其全球的存量。另一处已知的种群存在于邻近的留尼汪岛，但现如今已经灭绝。

在《世界自然保护联盟（IUCN）濒危物种红色名录》上这种珍稀植物被列为“极度濒危”物种，

其野生物种数量稀少、分布零散，而培育品种茁壮成长，随处可见，两者之间形成鲜明的对比。在早期的育种计划中，朱槿被广泛栽培，人人熟知的扶桑就是朱槿杂交而来，杂交的繁殖形式产生了无数个栽培品种。在园丁的悉心培育下，这些拥有“杂交活力”的品种几乎没有受到生态限制，它们极易适应世界各地的新家。

奇怪的是，最后幸存的野生朱槿面临的最大威胁是入侵的花园培育植物，包括杂交的朱槿。花园培育植物可以逃过野生朱槿面临的虫害、疾病和环境限制。通过比原生植物更快地开花或结出种子，花园培育植物利用其生态优势，从原生植物那里获取光照、营养和空间，从而打破了生态平衡。对这些入侵植物的清除很少能奏效：没有清除彻底的根部会迅速重新发芽，其匍匐茎在地面爬行，或是其根状茎定期迁移，很快就能卷土重来。

朱槿在包括英国皇家植物园邱园在内的植物园里，以原始的、野生的状态生长着，等待着重归野外栖息地之日的到来。不过重返野外虽令人心存梦想，但实际上，要实现这一目标却面临着复杂的情况。在认真考虑让一种植物重归野外之前，必须推动那些令它灭绝的因素发生根本性的转变。该植物的回归是否会给当地带来经济效益，从而可能促进环境保护？外来入侵植物的威胁真的发生逆转了吗？以脆弱的朱槿为例，必须首先解决其杂交品种带来的威胁。

上左图：
玫瑰茄，玛丽安娜·诺斯绘制，1870年。

上右图：
玫瑰茄，米歇尔·艾蒂安·德斯科蒂尔兹，《安地列斯群岛药用植物》，1821—1829年。

对页图：
美丽芙蓉，玛蒂尔达·史密斯绘制，摘自《柯蒂斯植物学杂志》，1891年。

7183
2.
3
4.
7.
M.S. del, J.N. Fitch lith.
Vincent Brooks, Day & Son Imp.

玫瑰茄，选自巴西利厄斯・贝斯莱尔，《艾希斯特的花园》，1613 年。

贝斯莱尔是一位德国的植物学家和药剂师，因其所著的《艾希斯特的花园》而闻名。他的书是受约翰・康拉德・冯・格明根主教委托所写，记录了植物在花园中的生长情况。就像与他同时代的克里斯皮恩·凡·德·帕塞写作《植物图集》（见 84 页）一样，贝斯莱尔的这本书按照季节顺序排列，反映了艾希斯特花园中的植物生活。

右图：
草槿，沃尔特·伍德·菲奇绘制，
摘自《柯蒂斯植物学杂志》，
1842 年。

20

欧膜蕨 / *Hymenophyllum tunbrigense*

从远处看，这种蕨类植物就像一层光滑的绿色薄膜，覆盖在它栖息的砂岩表面，令人难以置信。近处细看，你会发现它有着独特的扁平叶子，叶片紧紧地贴在潮湿滋润的地表生长。这种薄膜状的蕨类植物突显了某些植物对环境的脆弱依赖性。

显花植物（被子植物）的生长和繁殖通过种子进行，属于种子植物；蕨类植物则与之不同，它是通过一个单独的“配子体”来繁衍后代，其繁殖阶段完全依赖于水分。

欧膜蕨和其他蕨类植物一样，具复叶（相当于蕨类植物的叶子），叶子只有一层细胞厚。复叶宽而平，由粗硬的根茎（原始蕨类植物依靠根）支撑在它所生长的砂岩表面。成熟的欧膜蕨植物种群可以覆盖整个砂岩悬崖壁的表面。

蕨类植物是一种古老的植物，最早在地球还是连续的陆地时进化而来。这导致了一些蕨类物种分布尤为广泛，膜蕨类植物就是一个典型的例子。除了原产地欧洲以外，它也生长在一些非洲国家（包括肯尼亚、南非、马达加斯加岛和毛里求斯）以及一些似乎是随机选择的栖息地，如牙买加、新西兰和南卡罗来纳。

在英国，它主要分布在温暖潮湿的地区：英格兰、威尔士以及爱尔兰的西海岸。但奇怪的是，在英国东南部也发现有该物种种群的分布，在那里，高威尔德非同寻常的砂岩栖息地有着类似西康沃尔那般浸润在大西洋雾气中的恒定环境。

对页图：
分布于西欧的一种瓶蕨属植物，摘自托马斯·摩尔，《英国和爱尔兰的蕨类植物》，1855 年。瓶蕨属植物是膜蕨属植物的近亲，都属于膜蕨科。

上图：
分布于西欧的一种瓶蕨属植物，摘自爱德华·约瑟夫·劳，《蕨类植物：英国的和外来的》，1825—1900 年。

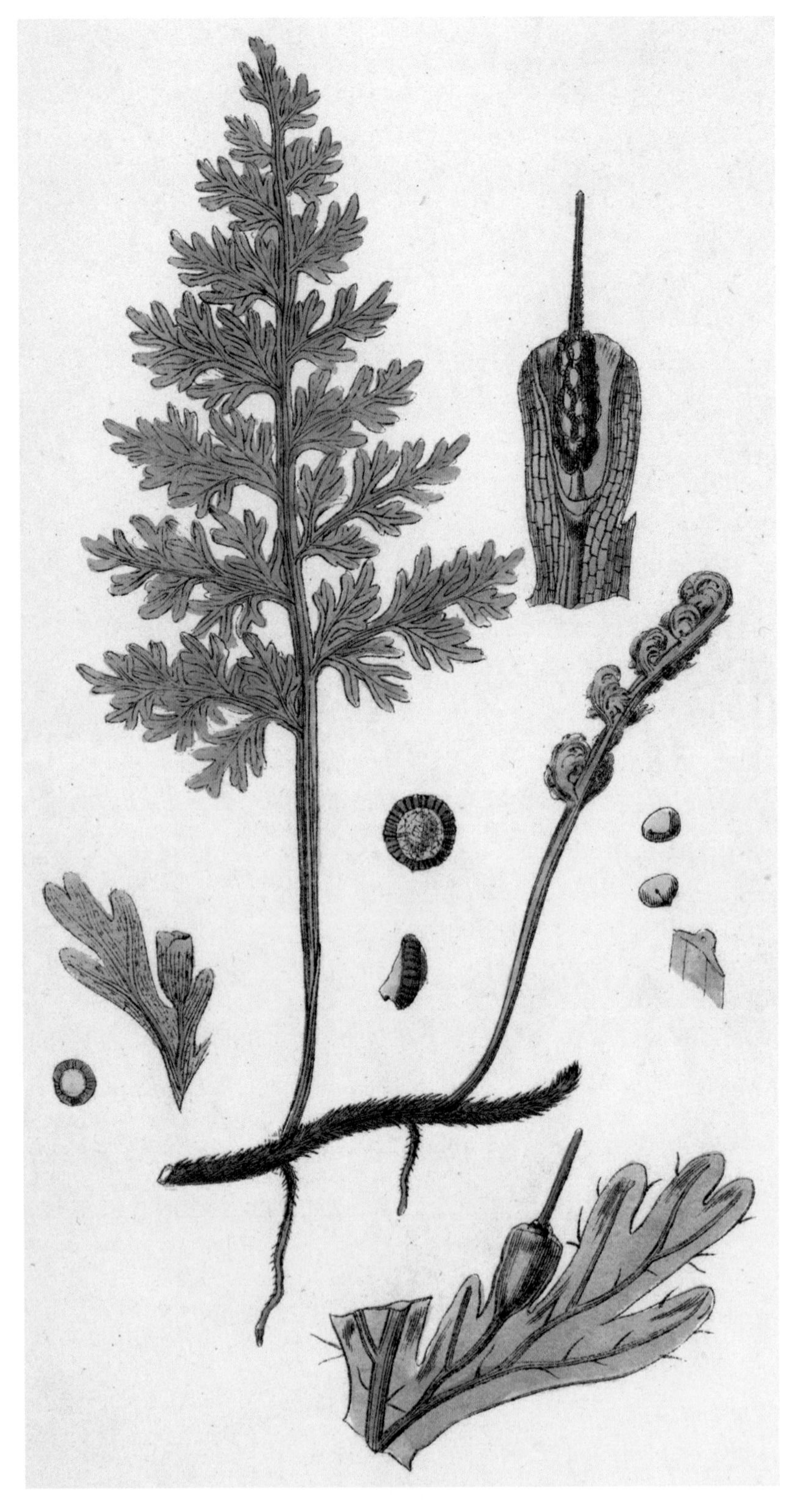

左图：
分布于西欧的一种瓶蕨属植物，摘自詹姆斯·索尔比，《英国植物学》，1886 年。

以往对种植膜蕨类植物的种种园艺尝试，都强调其对严苛特定环境的深度依赖。这种膜蕨类植物在野外的生长主要靠大气湿度加以维持，在园艺温室里每天需要将不含矿物质的水雾化后进行两次喷洒。培育膜蕨类植物的要求如此严苛，让人很难理解为什么还有人想把它从野外偷过来做私人收藏——2011 年，位于英国西苏塞克斯郡尼曼斯的全国托管协会的保护资产——高威尔德种群发生了失窃事件，此事既让人费解，也让人愤怒。

由于需要在几近恒定的湿度中生活，膜蕨类植物的生存越来越困难，从 1950 年至 1995 年，有记录的膜蕨类植物种群减少了 72%。长时间的干旱加上高温，使这种只有一个细胞厚的复叶植物的恢复力达到极限。膜蕨类植物深度依赖于山毛榉和橡树，它们张开的树冠为之带来斑驳的树荫遮凉。林地的清除，也宣告了这种不能适应阳光直射的植物的完结。

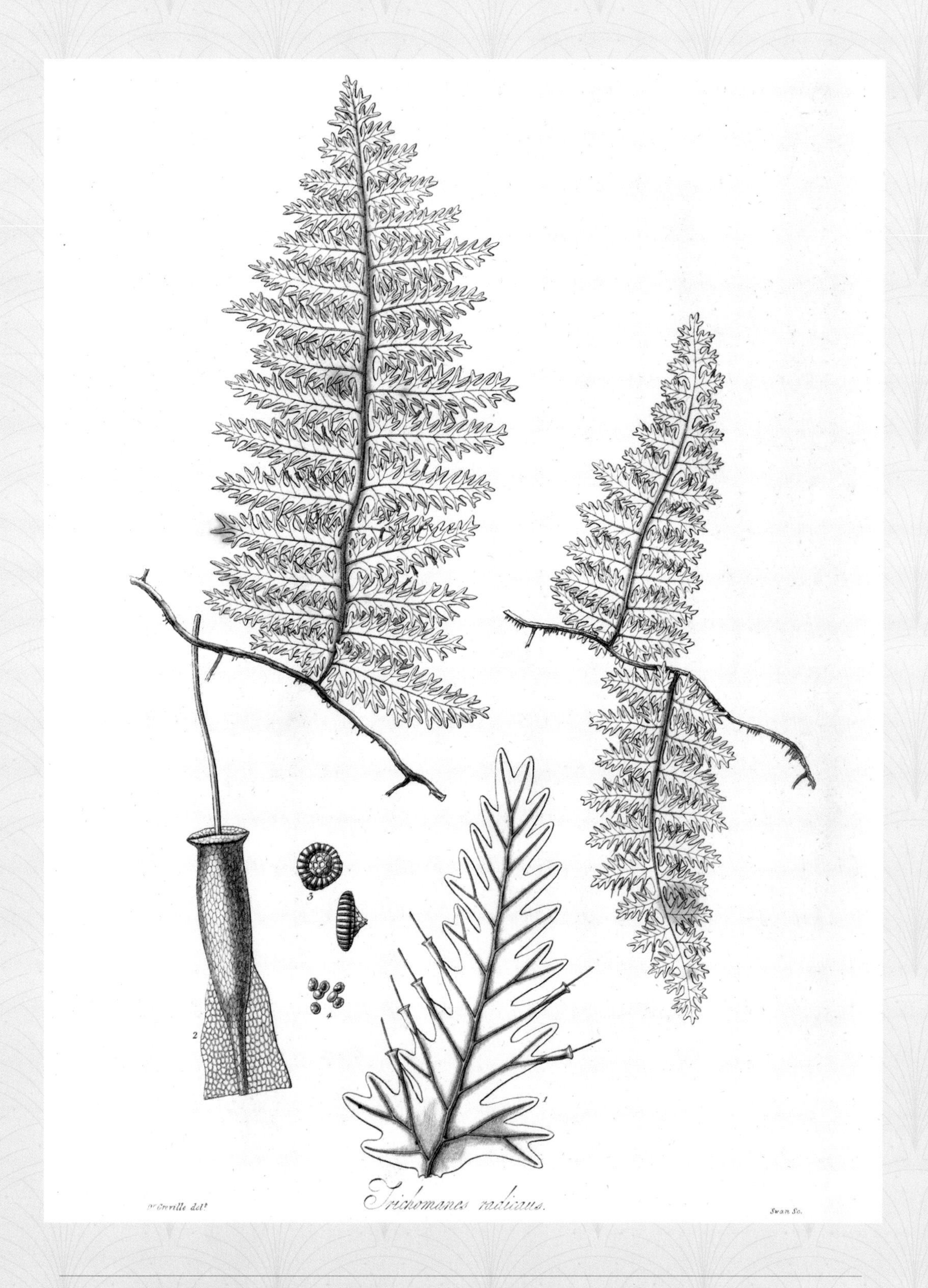

瓶蕨属植物，威廉 · 杰克逊 · 胡克爵士和罗伯特 · 凯伊 · 格雷维尔，《蕨类植物图谱》，1831 年。

这本书出版于胡克担任英国皇家植物园园长之前（1841—1865 年），是他在格拉斯哥大学担任植物学教授期间出版的几本著作之一。他的合著者格雷维尔是一位植物学家和真菌学家，也是这本书的插图画家。

21

黄带帝鸢尾 / *Iris sofarana*

如果说人类是自然界的最大威胁，那么直接把最具生物多样性的人类栖息地宣布为保护区，并将人类拒之门外，难道不是最简单的做法吗？有些保护模式尝试把人与自然完全分隔开，让人与自然各自占据不同的活动范围，且几乎没有空间交集。人类的居住和经济活动分为一个空间，自然分为另外一个空间。可现实中是否真能像这样分得清清楚楚，始终是生态学家们讨论的热门话题。

城市不是一成不变的环境，而是充满了一系列变化的新生态位，新的物种会见机填满这些生态位，包括臭椿、河狸鼠、龟类和游隼。即便是看似最原始的荒野，也可能是人类几千年的管理后才得以形成。是否应该建立一种新的保护模式，让人类和自然真正地交融，并引导人类走向与自然互惠互利的立场？

黎巴嫩拥有显著的生物多样性、显著的地方性和高人口密度。这个国家位于三大洲的交界处，拥有极为多样的景观和肥沃的地中海气候，国土面积仅有 1 万平方千米，却拥有 2000 多种植物，其中包括 108 种地方性的植物，人口为 600 万。国家发展的压力很大，其宜居空间大多集中于山区。

黄带帝鸢尾是黎巴嫩高地迷人的常居物种。该物种为黎巴嫩山的西面山坡 1200 到 2000 米的地方所特有，是从细根茎帝鸢尾的独特亚种中进一步变异而来。它与苗圃培育的品种一样，是一种引人注目的植物，花色和花型都很引人注目。它在偏爱的草地栖息地上长得粗壮，可以伸展到 20—30 厘米高，花瓣的下部分呈大理石般的青铜色，上部分花瓣呈紫色细纹状。这种复杂的颜色进化是为了吸引特定的传粉者——一种独居的长角蜜蜂（这种蜜蜂不生活在蜂巢里，不产蜜，也不为蜂王服务），知道了这一点，对于它颜色的变化也就不足为奇了。在黄带帝鸢尾的花期之外，这种蜜蜂栖息在花蜜源附近中空的木头或岩石缝隙的庇护所中。

黄带帝鸢尾

左图：
黄带帝鸢尾，摘自皮埃尔－约瑟夫·雷杜德，《百合圣经》，1802—1806 年。

对页图：
黄带帝鸢尾，摘自约翰·威廉·魏因曼，《植物图鉴》，1737 年。

N. 611.
d
a
b
c
a. Iris Anglica bulbosa flore purpureo.
b. Iris Susianna.
c. Iris bulbosa variegata.
d. Iris vulgaris humilis flore violaceo.
s.

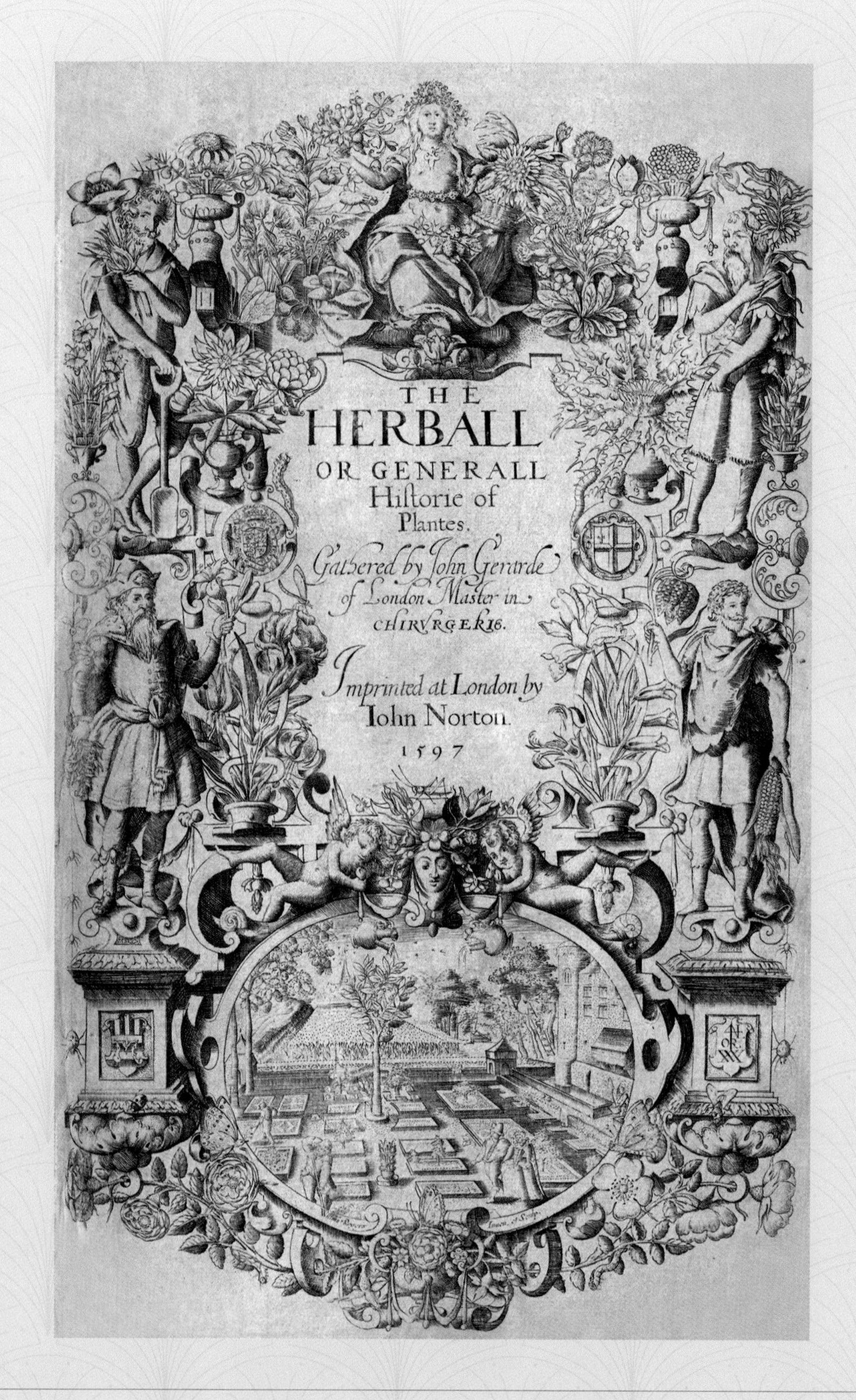

上面的扉页上是一个小花园，花园里有许多热门花卉，包括约翰·杰拉尔德绘制的黄带帝鸢尾，选自他于 1597 年出版的《植物志》。

杰拉尔德的这本书是英译版，译自蓝伯特·多东斯的著作（见 157 页），另外增加了他在伦敦霍尔本自己的花园里的植物和来自新大陆的植物。1630 年该书又出了一个版本，于杰拉尔德死后出版，由药剂师托马斯·约翰逊进行了补充和更正。

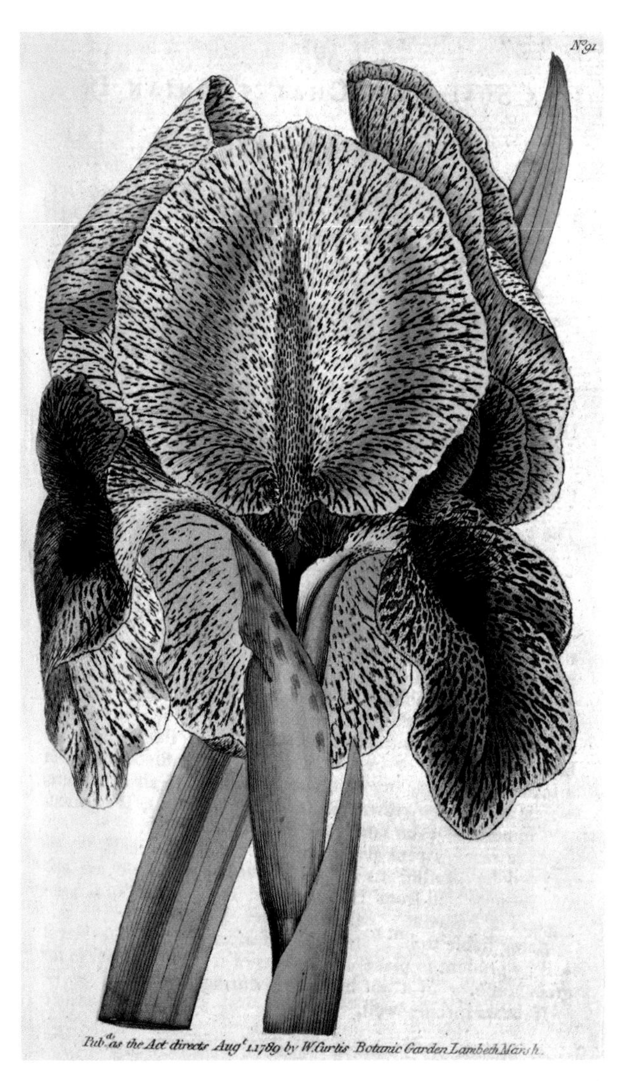

左图：
黄带帝鸢尾，摘自《柯蒂斯植物学杂志》，1790年。

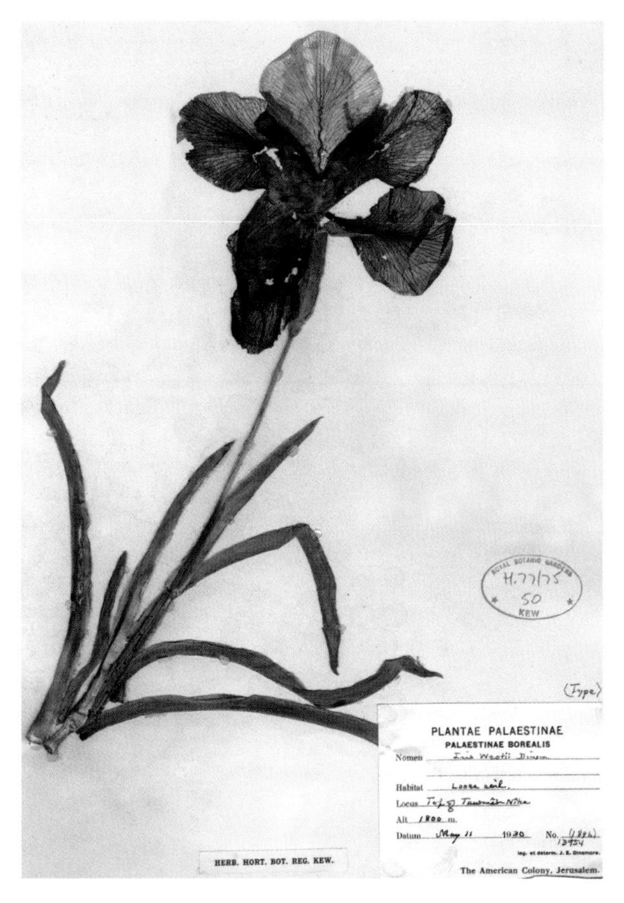

上图：
黄带帝鸢尾植物标本，1930年由J. E. 丁斯莫尔在巴勒斯坦收集，在英国皇家植物园邱园展示。

分布有限，加上人口的急剧增长以及其对唯一传粉者的依赖，它的生存机会非常渺茫。建造滑雪小屋，使用杀虫剂，诸如此类的人类侵占性发展，导致独居蜜蜂的栖息地消失，进而威胁着这种植物的未来，在《世界自然保护联盟（IUCN）濒危物种红色名录》中，这一植物被列为"濒危"物种。作为人与自然的又一次碰撞，会不会注定以自然界物种的极度濒危而告终呢?

黎巴嫩正在开创一种新的土地管理方法，希望在保护生物多样性和满足人类需求之间取得平衡，其前景是充满希望的。乔福自然保护区是一个人与自然共存的地方，其创新的统计报告系统显示了自然的价值。通过分析该保护区的动植物群为人类提供的生态系统服务，发现了一个引人注目的比率：在保护生物多样性上每投入1美元，便会得到19美元的回报。这个分析使用了复杂的模型来展示自然是如何惠及人类的。健康的生态系统能够对水进行过滤（减少饮用前的加工过程），为农业作物传粉，中和碳，为人类提供食物，成就了人类的文化历史。美丽、多样的风景也是非常令人向往的地方。乔福自然保护区的酒店宾馆的收费要比城市周边的同类酒店宾馆高得多，因为保护自然景观的额外费用增加了。由于乔福自然保护区代表了一种新的保护方法，这一方法有望普及到其他地点，有可能拯救黄带帝鸢尾。

自然为人类提供资源、调节空气、支持人类活动，而且是人类文化发展的源头，这些都是自然为人类提供的可量化的、令人向往的服务。转变的经济模式，反映了人类与自然不可分割的共生联系，开启了资金应该投于何处的新讨论。投资于大自然，既能保护生物多样性，又可以改善人类生计，应该是这一问题的最佳答案。

蓝花楹 / *Jacaranda mimosifolia*

蓝花楹树总是和阳光紧密相连，让你联想到温暖的气候，回忆起地中海沿岸的度假时光。春末夏初是蓝花楹的开花时节，绽放的花朵形成了一片片紫色云朵般的花海，让人感到它更像花而不是树。蓝花楹常被用作行道树，它们在忍受属地的炎热、污染和土地瘠薄的同时，却改变着周遭的环境，给城市环境带来了无尽的美丽。它们纤细的外形使其更好地融入了城市的环境之中。

虽说蓝花楹花开时节的美丽分外令人愉悦，但其身世却是比较复杂的。它是不是濒危树种，是不是南美洲森林范围有限的特有树种？是不是能与南非、澳大利亚、加利福尼亚和中国产生文化共鸣的标志性物种？或者，它是不是一种需要许可授权才能种植的入侵性物种？的确，答案都是肯定的。

野生蓝花楹和栽培蓝花楹之间的对比是非常不同的。它的原产地仅限于阿根廷西北部和玻利维亚南部的山麓森林。这片干燥的山地森林具有丰富的生物多样性，包括军舰金刚鹦鹉在内至少有 80 种地方性的动植物物种，由于农业的发展，这些物种正在被迅速消灭。取而代之占据这片富饶栖息地的作物主要是大豆，这是一种受全球乳化剂（大多数巧克力棒都是由大豆卵磷脂黏合在一起的）和动物饲料需求推动的大宗商品。

余下的山麓稀稀落落，蓝花楹的主要栖息地变成了不相连的“孤岛”。对于这种已经进化到需要连续的森林覆盖才能茁壮成长的物种，蓝花楹在零散稀疏的栖息地中挣扎生存：由于山麓的过度开发，植物无法在森林边缘或开阔地带播种，动物没了密林的掩护容易被捕杀。蓝花楹在《世界自然保护联盟（IUCN）濒危物种红色名录》中被评级为“易危”物种。

对页图：
蓝花楹，摘自《园艺杂志》，1897 年。

上图：
蓝花楹，路易斯 · 范 · 豪特，《欧洲的温室和园林花卉》，1847 年。

HERB. HORT. BOT. REG. KEW.
CENTRO DE PESQUISAS FLORESTAIS E CONSERVAÇÃO DA NATUREZA
TIJUCA - RIO DE JANEIRO
EX-HERB.
N.º 1804.
Jacaranda mimosifolia D.Don.
Guanabara, Avenida Édison Passos.
Leg. C. Angeli 3 XII 1962 nº 332.
Det. J. Corrêa Gomes 1963.
Obs. Árvore de ± 8 m. Flôres roxas.

在蓝花楹得到培育而不是被清除的山麓生长地，只要山麓能健康发展，这个物种就可以过着与它的野生祖先类似的生活。在南非的行政首都比勒陀利亚，行道树种的就是鲜花盛开的蓝花楹，因而比勒陀利亚也被称为“蓝花楹城”。这种植物偏爱温暖的城市，促使它成为入侵物种扩散到其他城市。在南非的苗圃交易中，出售蓝花楹是非法的，新的种植户需要申领许可证。

导致一个物种成为入侵物种既有环境因素，也有生态因素。在原生分布中，有一整套约束因素调节着植物的生长和繁殖能力，维持其在群落中的整体地位。气候、土壤、虫害、疾病、寄生虫或对特定传粉者或菌根共生体的依赖都是控制其生长活力的因素。

在极少约束或没有约束的新环境中，一些植物改变功能，占据了主导地位开疆扩土。原本高度稳定的本土林地，在土地贫瘠时也很容易被其他物种入侵。

一场关于本土物种本质的辩论正如火如荼地进行，引人入胜，本地原生和异地引入的概念，是否更多只是人类的构想，而我们并不愿意承认罢了。一些科学家指向自然杂交和通过空气、水或动物媒介进行的迁移传播，并提出人类活动只是在加速一个自然进程罢了。例如，家雀本质上是在被人为破坏的栖息地上茁壮成长起来的外来物种，但由于其可爱的天性，人类接受了它。其他的鸟类闯入者，如环颈长尾小鹦鹉，由于被认为是低劣物种而受到人类的轻视。

对页图：
1962 年，C. 安杰利在巴西收集的蓝花楹标本，保存在英国皇家植物园邱园。

上图：
蓝花楹，M. 哈特绘制，选自《植物学登记》，1827 年。

23

智利酒椰子 / *Jubaea chilensis*

虽然许多人认为棕榈树是热带森林或是田园般的岛屿天堂才有的植物，不过在智利的温带气候之中还是生长着智利酒椰子。作为棕榈科分布在地球最南端的代表，智利酒椰子能耐受冬天的寒冷和夏天的干旱。棕榈树是棕榈科植物中具有非常重要经济价值的物种，藤条、椰子、椰枣、椰子糖、椰子纤维、椰蜡和椰油都是全球贸易的商品。枣椰树的价值同样珍贵，其可食用的迷你椰子状的种子、美味的椰汁和可用来制作篮子的叶子，都能很容易地被充分利用。

上图：
智利酒椰子（也称大智利棕榈树），奥斯瓦尔德·查尔斯·尤金，玛丽·吉兰·德·克霍夫·德·登格汉姆，摘自《棕榈树》，1878年。

对页图：
智利酒椰子，卡尔·弗里德里希·菲利普·冯·马蒂乌斯，摘自《棕榈历史》，1823—1850年。山菜椰属和拉塔尼亚芭蕉也在这里进行了描绘。

随着气候的变化，园艺家们要寻找新的有茎（形成树干的）植物，补充或取代传统树种，以适应未来环境生态位。因此，棕榈树在市区花园使用得越来越多，它增加了花园的高度，构建了花园的新结构。事实证明，智利酒椰子是适合伦敦气候的植物，无论是炎热、干燥的夏季还是寒冷的冬季，它都能

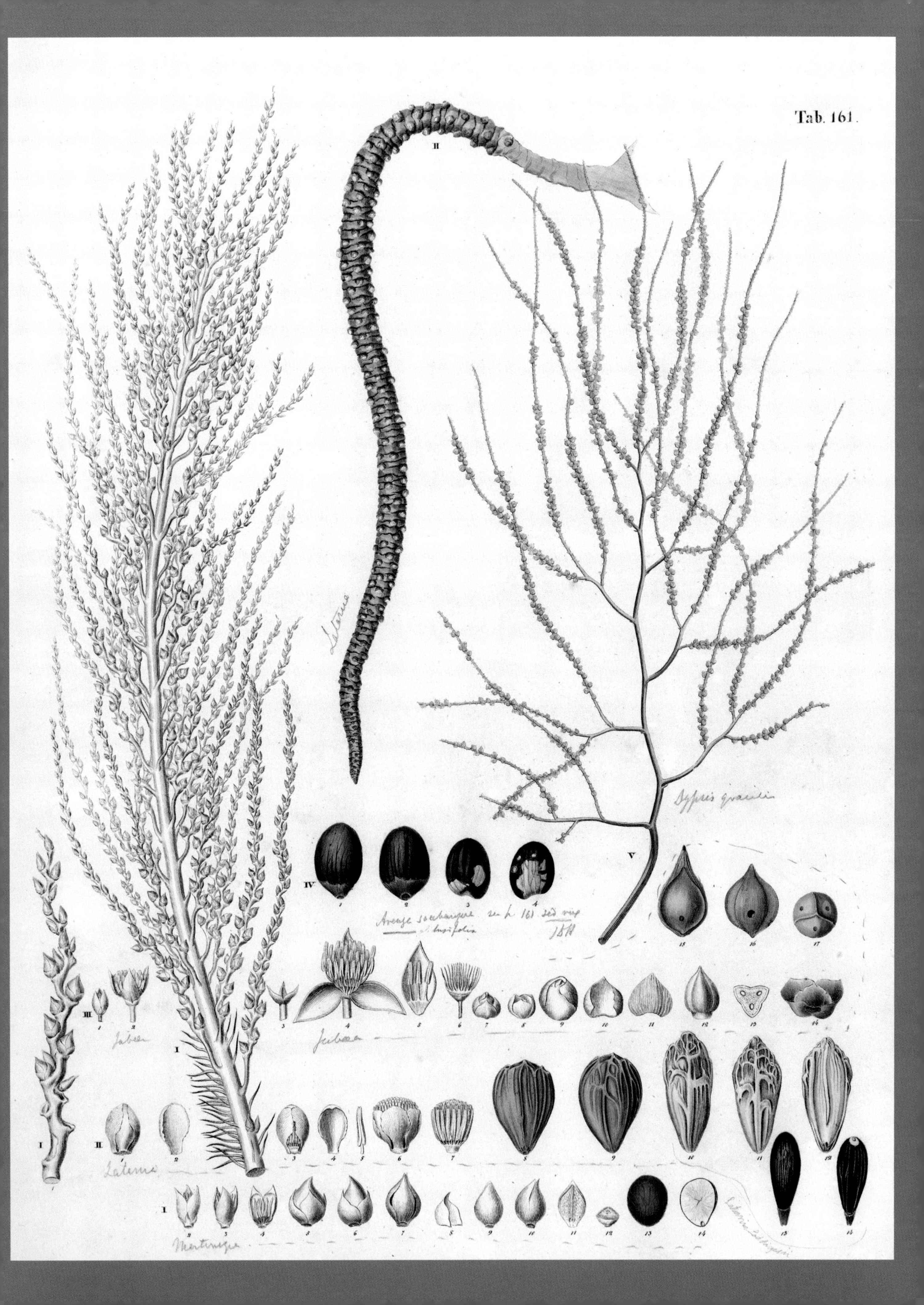

Tab. 161.

上图：
智利棕榈标本，新南威尔士州的卡姆登公园，玛丽安娜·诺斯绘制，1880年。

对页图：
智利酒椰子（也称大智利棕榈树），爱德华·雷格尔绘制，摘自《花园植物》，1853年。

够茁壮成长，它甚至可以忍受 -15℃的低温。

智利酒椰子植株非常高大，粗壮的树干点缀着锯齿状的菱形叶痕。它会慢慢向外长粗，成为所有棕榈树中最粗壮的，成熟时直径可达 1 至 1.7 米。智利酒椰子的树干是一个处于不断扩张中的、有着活体组织的单一器官，与其他树干不同的是，它不会通过每年增加非活体的年轮来增加树干粗度。

成熟的智利酒椰子很是壮观，高度超过 30 米。它们在任何景观中都是引人注目的亮点，但是该树种生长速度缓慢，那些渴望得到园艺即时效果的人可能会感到沮丧。智利酒椰子的这些特性，再加上其在移植过程中受到各种外力的影响，存活能力受限，因而经常会被从野外挖出来，进行贸易以供苗圃培育。

智利酒椰子花了很长时间才在英国皇家植物园邱园生长成熟。它最早于 1846 年从种子开始培育，在邱园温室的培育环境中慢慢生长，长到了宏伟的温室顶部，赢得了“世界上最大的室内植物”的称号。最后，邱园不可避免地遇到了一个难题：不断长高的智利酒椰子和温室屋顶的高度极限。温室已经没有足够的空间可供它持续生长，邱园要继续种植智利酒椰子，就需要开启新的篇章了。

回到智利酒椰子的原产地智利，其丰富的天然用途多年来一直是导致它逐步毁灭的原因。树木含糖的汁液可被提取出来，作为棕榈糖浆进行出售，或者发酵成棕榈酒。棕榈科植物被用来制造棕榈酒很常见，虽然许多物种都可以从植物活体中持续不断地提取汁液，但提取智利酒椰子的汁液制造棕榈酒的方式却更具破坏性。

为了收获糖浆，人们会砍掉酒椰子的树头，

使多达400升的树液从被砍处涌出。由于没有能力再生树头，酒椰子的生命会因此到达终点。酒椰子的野生种群因此迅速减少变得零零散散，导致其在《世界自然保护联盟（IUCN）濒危物种红色名录》上被列为“濒危”物种。

智利法律的保护似乎减缓了其衰减的速度，但法律的强制执行不是最终的解决办法。对自然资源的可持续或较少掠夺性的开发利用，能够在生物多样性和人类之间找到平衡，能够互惠利益。对用户来说，一种可再生的、经济上可行的产品可以阻止土地过度开发的加剧，同时为植物群落及其依赖于这片土地的生物提供长期的稳定生存环境。找到既能从智利酒椰子中提取糖浆，而又不终结这种植物生命的新方法，是保护这一非凡植物野生种群明智的解决方案。

371

ARNOLD ARBORETUM, HARVARD UNIVERSITY.

Ansd. 1. V. 06

Jamaica Plain, Mass., April 18, 1906.

ROYAL GARDENS 30 APR. 1906 KEW

Dear Colonel Prain:

I find here on my return your letter of January last containing a list of a few plants that you want for the Kew Arboretum. It is too late to send them this spring but you shall have as many as we can send in the autumn, as well as several other things of which Bean made a memorandum the other day.

I brought home from ~~Peru~~ Chili a few cans of the prepared sap of Jubaea spectabilis which is used in Chili as a sort of treacle under the name of meal de palma. I shall be glad to send you one of these if you care for it for the Kew Museum.

I was kept late in the Garden the other afternoon with Elwes and Miss Willmott, and when I called with the latter at your office to see you you had gone. Am very sorry to lose the opportunity to say good-bye. Let me know always if there is anything that we can do for you on this side of the ocean.

Faithfully yours,

C. S. Sargent.

Col. D. Prain,
Royal Bot. Gardens, Kew,
London, England.

1906年4月18日和1906年5月15日，美国马萨诸塞州哈佛大学阿诺德植物园的查尔斯·斯普拉格·萨金特写给英国皇家植物园主任大卫·普雷恩爵士的信。

萨金特写信给普雷恩，告诉他自己收集了几罐特制的大智利酒椰子（智利酒椰子）配制的汁液，这种汁液在智利当地被称为帕尔马蜂蜜，是一种糖浆状的物质。他说如果需要的话，他很高兴邮寄一份样品过去——如今这封信被保存在邱园经济植物收藏馆。1906年5月15日，他再次写信给普雷恩，告知他已通过美国运通快递邮寄出了一罐这种配制好的糖浆。

372

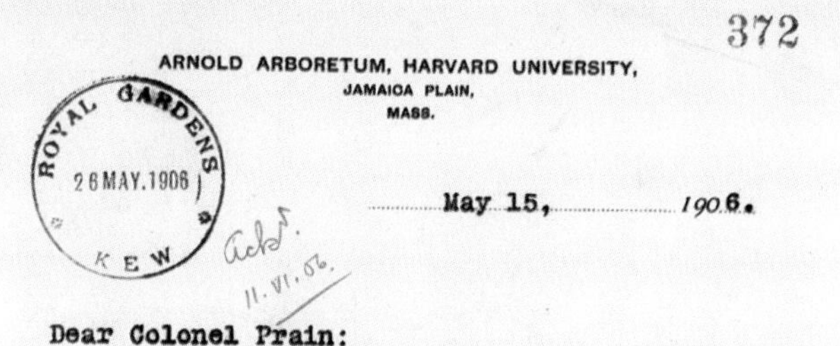

ARNOLD ARBORETUM, HARVARD UNIVERSITY,
JAMAICA PLAIN,
MASS.

ROYAL GARDENS 26 MAY. 1906 KEW

May 15, 1906.

Ackd. 11. VI. 06.

Dear Colonel Prain:

I have your note of May 1st and we are sending you by the American Express Company a small can of the Jubaea spectabilis juice for the Museum. I am sorry it weighs too much to go by mail.

Faithfully yours,

C. S. Sargent.

Colonel D. Prain,
R. Bot. Garden,
Kew, London.

Thanks herewith.
53/1956 June 9
J.H.H.

对页图：
萨尔托山谷中的智利酒椰子，玛丽安娜·诺斯绘制，1880年。

极北海带 / *Laminaria hyperborea*

在英国苏塞克斯海岸寒冷、浑浊的内陆水域，有一个有着非凡生物多样性的栖息地，它调节着海浪，吸收了大量的二氧化碳，而我们却忽视了这一点。这个栖息地就是神奇的海底海带森林。

对页图：
江蓠属红藻，艾伦·哈钦斯绘于19世纪早期。艾伦·哈钦斯被认为是爱尔兰第一位女植物学家，她专门研究海带、地衣、苔藓和地苔。

上图：
克氏海带，柯勒绘制，摘自《药用植物》，1887年。

有幸潜入海带森林的人，将来到一个超现实、超凡脱俗的植物王国。高高的“树干”般的叶状体（海带茎被称为叶柄）随着海水的波动有节奏地摇摆，更有鱼群在其中游弋，寻求庇护之所。太阳光透过半透明的叶状体照射到很多其他海藻上——从羽毛状的到丝状的多种形态的海藻。在海带森林中探索，你可能会发现墨鱼、海马、螃蟹、鲨鱼甚至是海豹。这里类似珊瑚礁的温带环境：复杂、生物多样性、陆地和海洋交接处重要的洋流缓冲地带。

“海带”一词是很广泛的，指的是海带目，虽然这个高分类等级只有30个属。苏塞克斯水域的海带森林主要由三种海带组成：极北海带、掌状海带和糖海带。从这些名称就可以看出，最后一种比前两种物种更具有价值，事实也是如此。海带的进化历史相当漫长，可以追溯到2000多万年前的中新世时代。

海带能够通过被称为固着器的根部固定在海底，这为它充当栖息地的管理者和环境工程师打下了基础。在不断变化的海洋环境中，由于海带是稳定生物，许多物种涌向稳定的海带森林，使其成为许多鱼类、甲壳类动物和软体动物的生长温床。丰富的物种为食肉动物提供了丰富的食物，在植物异常高效的光合作用基础之上建立起庞大的生态食物链——英国的海带森林中有记录的物种达一千多种。

一系列令人眼花缭乱的统计数据可以证实植物光合作用的威力。每英亩海带森林可以吸收20倍于其陆地当量的二氧化碳，据估算，世界上的海带森林每年能够吸收6亿吨二氧化碳。二氧化

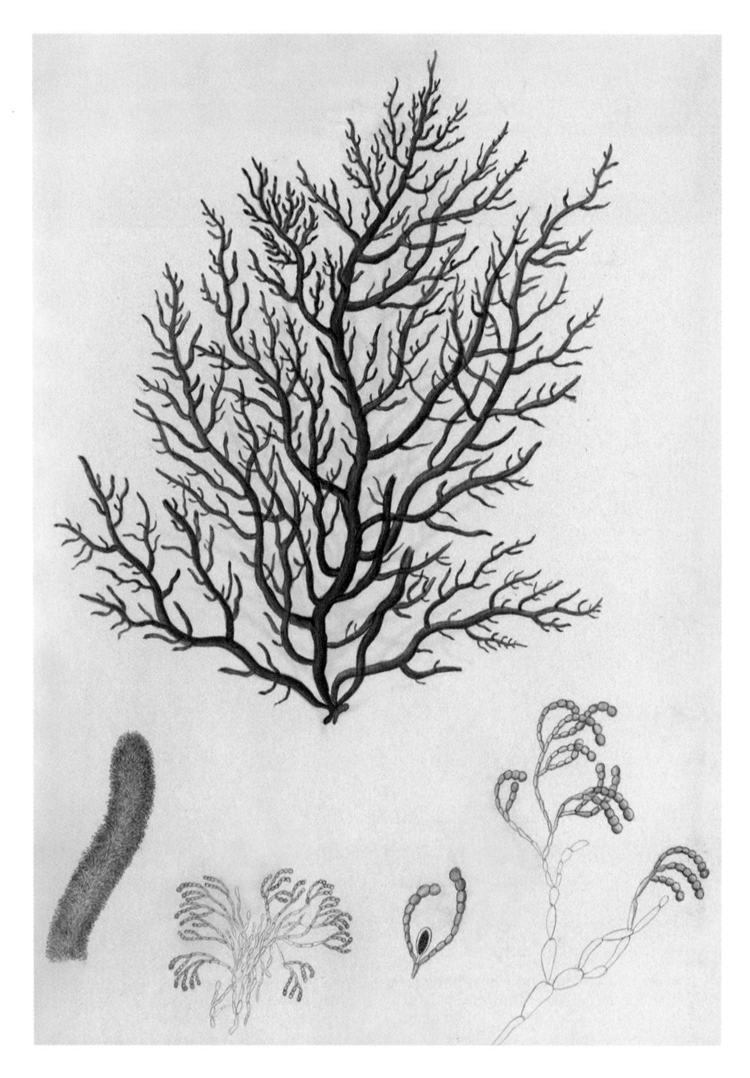

上图：
海藻，艾伦·哈钦斯绘制于 19 世纪初。

碳通过这种方式被吸收，意义极其重大。海带生长快速、深入海底，能够把吸收的二氧化碳隔离在海洋深处，安全地储存在远离大气层的地方。

海带不仅仅以其惊人的碳捕获能力对人类有价值——茂密摇曳的海带森林可以减缓和调节海洋运动，消除巨浪的能量，进而减少对海岸的影响。海带对自然界和人类的价值促使我们采取保护措施，建立大面积的保护区，以确保这种生物奇迹的繁荣。令人难以置信的是，实际情况却恰恰相反。随着捕捞技术的进步，新的海底拖网渔船提高了捕捞效率，大量捕捞海洋生物，但对海带森林却造成了巨大打击。海带固着器无法抵御日益加剧的捕捞活动，成熟的海带被拖网拖走了，持续不断的捕捞使海带的再生不再可能。更进一步的威胁来自于用高压泵把水中的杂质沉淀物泵出到近海水域。这种不受欢迎的杂质对于适应了清澈海水的植物来说是外来物质，杂质阻碍了太阳光，没有阳光的地方是不可能进行光合作用的。

英国苏塞克斯水域 95% 的海带森林已经消失。渐渐地，一个引人注目的研究机构证实了海带森林的存在价值，也证实了其令人震惊的衰退程度，研究机构的人员和数据汇聚到了一处，以促成某种改变。苏塞克斯近海渔业和保护管理局正在与地方当局、渔业企业协会和自然资源保护联盟协商，准备实施拖网捕捞禁区，给海带一个重要的再生空间。是否只有当一个物种减少了 95% 才会促使保护措施的施行？我们必须从海带这一重要、有价值的植物被推到濒危边缘的境况中吸取教训。

Antermony,
Glasgow, 17th Feby
1841.

My Dear Sir,

My father has desired me to say that he received your letter of the 13th Ulto and at the time being unwell he delayed answering it from day to day; and at present he has been laid up by an attack of pneumonia, which altho' it has been overcome by the usual remedies of bleeding, and low diet, has left him in rather a languid state.– We can sincerely sympathise in the family distress which you and Lady Hooker have undergone, and trust that your next communication may bring us more favourable accounts than your last letter.– Eliza Horrocks continues an invalid; and although at present better than I ever expected to see her, the prospect of her complete restoration to health does not appear to be near at hand.– I do not know of any publication which contains a full, or detailed account of the manufacture of, and trade in Kelp.– In Ure's Dictionary of arts there is a short account of it, and rather a more full one in a small pamphlet which I printed about a year ago on the Neapolitan Sulphur question, and of which I shall endeavour to send you a copy.– Iodine is still prepared from drift weed Kelp in the course of the process for separating the alkaline salts from the Kelp. This process you will find also described in Ure's dictionary. You are probably aware that a Committee has been ordered by the house of Commons to enquire into the practicability of relieving the persons ruined in the Highland Kelp trade, by means of emigration at the expence

expense of the country. In the Times (London paper), of the 13th Feby you will find a good deal of statement which may interest you in relation to the Kelp trade in the Speech of Mr Baillie the Member for Inverness, in moving for the said Committee. More than two years ago I warned the government that this expensive measure would become indispensible if they persisted in their policy in regard to the Neapolitan Sulphur question; and I repeated the warning in my printed pamphlet.– All however was as I expected, wholly unheeded by our legislators; and I cannot say I expect any thing like sound policy, good feeling, or even common sense from the proceedings of the Committee of parliament upon this subject. The evidence taken before the Committee will, however, most probably be printed; and ought to form a useful & interesting source of information to those interested in the history, & situation

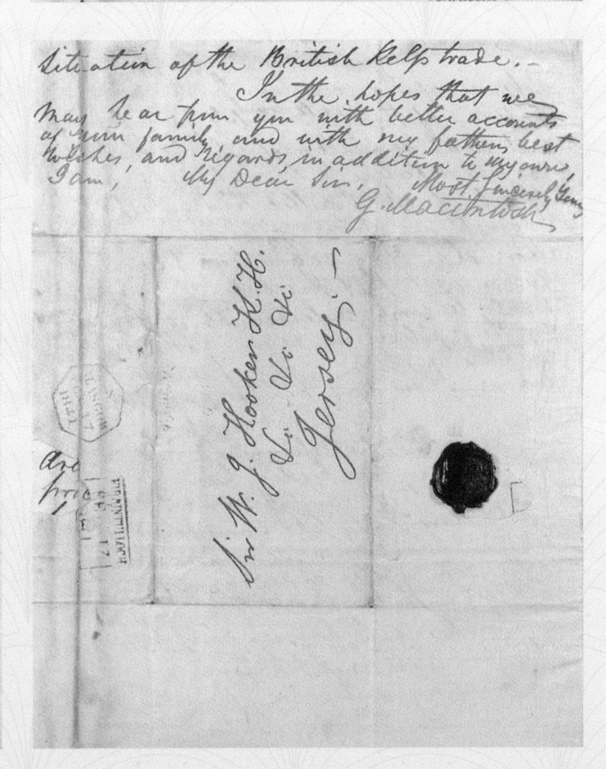

situation of the British Kelp trade.–

In the hopes that we may hear from you with better accounts of your family, and with my father's best wishes, and regards, in addition to my own, I am, My Dear Sir, Most sincerely Yours

G. Macintosh

Sir W. J. Hooker K.H.
LL. D.
Glasgow

1841年2月17日，苏格兰格拉斯哥安特摩尼的乔治·麦金托什写给威廉·杰克逊·胡克爵士的信。

麦金托什就英国的海带贸易和最近为解决海兰郡海带贸易而成立的下议院委员会写信给胡克。麦金托什对立法者没有信心，也不期望他们出台合理的政策，但他得出结论，委员会提供的证据将成为记载海带贸易的历史和记录。

25

金斑百脉根 / *Lotus maculatus*

让人联想到异域鸟类的喙、有蜡状光泽的橘红色花朵星罗棋布，银白色的叶子翻腾其间，这就是迷人的金斑百脉根，它是许多植物园温室里精巧的明星。作为加那利群岛特有的 4 种百脉根属花卉之一，金斑百脉根在特纳利夫岛的野生分布仅存 1 平方千米，它在《世界自然保护联盟（IUCN）濒危物种红色名录》上被列为“极度濒危”物种，毫不奇怪。它的未来取决于是否能够采取紧急的保护行动。

加那利群岛是生物多样性的集中区，在这个 7500 平方公里的群岛上有超过 500 种本土物种。这些岛屿由火山喷发形成，地形变化剧烈，气候均衡，分散在西非海岸，为物种形成提供了完美的条件。岛上所独有的植物属有：多汁的莲花掌属，高耸的蓝蓟属，叶子精美的雏菊科木茼蒿属。

金斑百脉根栖息于海边，耐盐雾，与圣彼得草、绵枣儿和星辰花一起，共同组成了海岸矮灌木丛。在起伏的崖顶上，野生的金斑百脉根盛开时景象极为壮观，但是如今这种植物已几乎见不到了，已知的仅剩下 35 株。尽管它被围在奥森特霍保护区内保护了起来，但仅靠保护这一地区不足以阻止金斑百脉根在野外的灭绝。

下图：
特纳利夫峰山顶的景色，玛丽安娜·诺斯绘制，1885 年。特纳利夫山顶的风景，与过去金斑百脉根大量生长的地方相类似。

对页图：
金斑百脉根，克丽丝特布尔·金绘制，摘自《柯蒂斯植物学杂志》，2008 年。

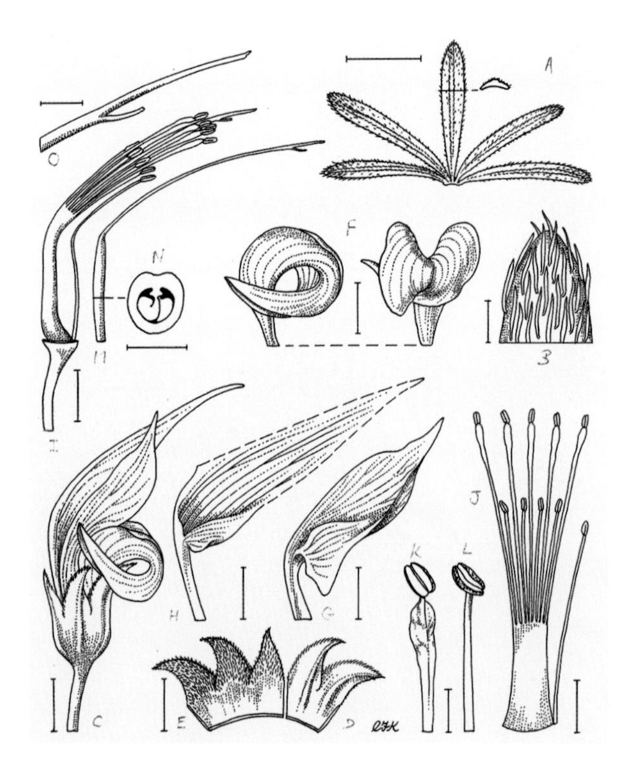

上图：
金斑百脉根剖面图，克丽丝特布尔·金绘制，摘自《柯蒂斯植物学杂志》，2008 年。这幅画和第 129 页上的画作一起出版了。

右图：
百脉根莲花（也叫鹦鹉嘴百脉根），摘自《园艺杂志》，1876 年。

由于食草哺乳动物（特别是兔子）的引进、踩踏以及土地用途的变化，金斑百脉根种群遭到了破坏，变得支离破碎，处境危险。虽然在奥森特霍海岸保护区，放牧压力已经成功得到了缓解，但却难以从根本上缓解生态的紧张状况。

人类的活动导致海鸥数量的增加，随之而来的是鸟粪大量增加，土壤因而变得更加肥沃，吸引了大量需要氮的植物来与金斑百脉根竞争。复杂丰富的植物群落往往源于紧张的生态环境。反常的是，营养丰富的环境仅仅惠及了少数物种而不是许多物种，导致植物的多样性减少。

对于一个极度濒危的物种，成功的保护策略需要采取多种办法合力，才能完成保护工作。人们需要从建立一个能够维持种群存活的保护区开始，根据自然规律采取干预措施。迁地保育（远离物种的本土生长环境）同样重要，它可以使植物在一个更稳定的生长环境中形成应急储备。

维拉·克拉维乔是加那利群岛的植物园，也是珍贵的迁地保育资源。 维拉·克拉维乔是种子库的所在地，是濒危岛屿植物的资源库。如果准备得当，某些植物的种子可以在冰冻状态下保存几十年，这是防止物种完全灭绝的基本保险政策，也能就地保存物种，以暂时维持受到威胁的栖息地的稳定。然而现实并没有这么简单。由于植物群落复杂、相互依存的性质，濒危物种的恢复工作很具有挑战性。想要简单地找回一个消失的物种并不总能见效：自该植物最后一次占据该栖息地以来，该栖息地的基线可能已经发生了变化。之前在加那利群岛重新引入百脉根属物种的工作就遭遇了失败，但是，绘制一个物种全部的潜在分布区域的精细地图，能够找到可能的建立新的保护区的区域范围。

加那利群岛是生物多样性问题的一个缩影：有大量的当地独有物种、存在大量的威胁、动植物都有翔实的资料记录、有宝贵的资源但保护工作却“捉襟见肘”。金斑百脉根和加那利岛其他的地方特有物种，都是美妙的珍稀植物，与其他植物截然不同，非常值得保护。

右图：
百脉根莲花（也叫鹦鹉嘴百脉根），玛蒂尔达·史密斯绘制，摘自《柯蒂斯植物学杂志》，1801 年。

26

羽冠山萝花 / *Melampyrum cristatum*

羽冠山萝花是功能造就形态的优雅花卉的典范，其形态的形成与蚁类关系密切。高度特定性的共同进化可以带来很多好处，羽冠山萝花可以优先为其优选的蚁类伙伴提供花蜜、食物和巢穴，不过它也有脆弱的一面，就是对另一物种依赖所带来的考验。羽冠山萝花就体现了这种脆弱性，它在大不列颠已经濒临灭绝，仅在英格兰的东南部发现还有四个地方有小规模的零散分布。

尽管与夏栎的联系表明羽冠山萝花的栖息地最初是林间空地，但在树篱边缘非常类似于林地边缘的生长环境，也能发现羽冠山萝花，不过它其实是物种丰富的草原植物之一，而草原是英国退化最严重的生物栖息地之一。

仔细研究你会发现，是那些共同进化的力量塑造了羽冠山萝花奇特而精致的花朵。它那鲜艳的紫色、顶端黄色的管状花（一种称为花冠的复式结构）从尖锐的锯齿状苞片中冒出来，让人联想到彩色的维纳斯捕蝇草。其叶子细长，成对生长。

除了引人注目的花朵，羽冠山萝花的种子是真正值得一说的重点。羽冠山萝花对蚁类运用激励加哄骗相结合的办法，让蚁类主动自愿地献上辛勤的劳动。羽冠山萝花的种子酷似蚂蚁的茧，这激发了它的蚁类盟友把种子搬走，存放到蚁类自己的地下巢穴中。为了使种子能够格外地吸引蚂蚁，种子的一端有营养丰富的被称为油质体的油状结构，这对蚂蚁而言是极其可口的美味。

把种子传播到远离母本植物的地方是个高明的策略，这样可以最小化母子代际之间对资源的竞争，并且在理论上将其分布区域不断扩大。那么，这种植物为何又变得如此被边缘化、如此微不足道的呢？因为羽冠山萝花不仅仅依赖蚁类蓬勃生长。它是半寄生的植物，需要依赖于宿主

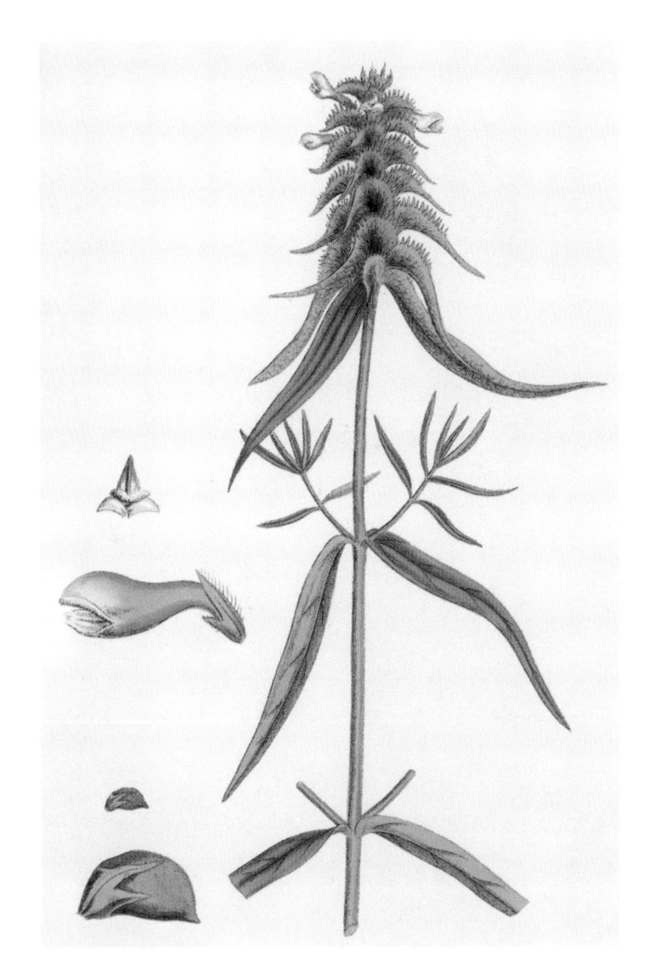

对页图：
羽冠山萝花，摘自阿尔伯特·迪特里希，《植物区系》，1833—1844年。

上图：
羽冠山萝花，摘自詹姆斯·索尔比，《英国植物学》，1869年。

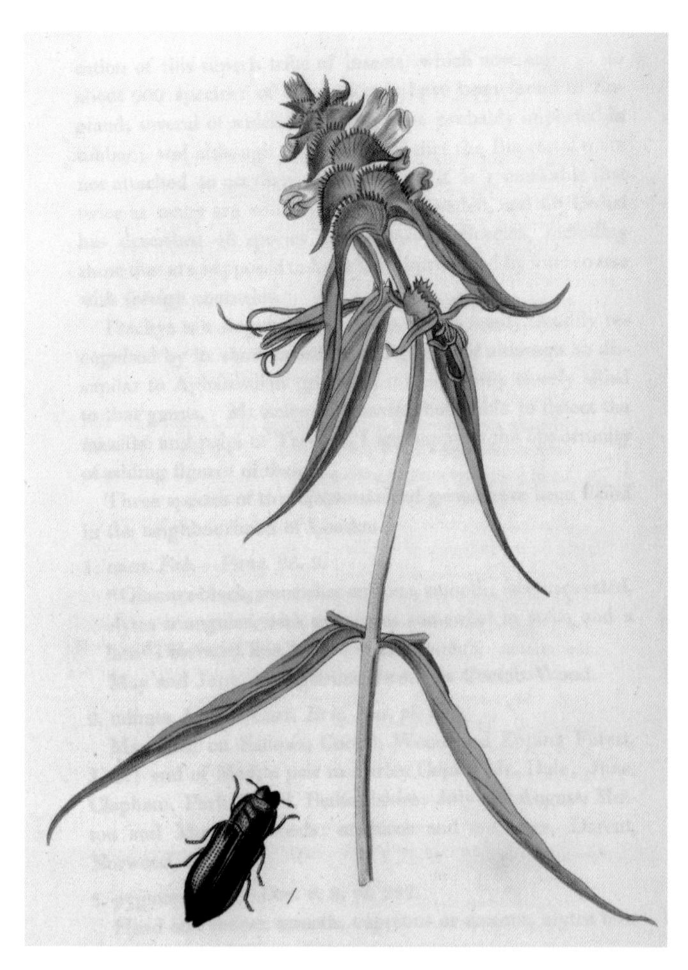

植物获得特定的资源，特别是碳素。这种特别的依赖增加了山萝花属羽冠山萝花应对变化时的脆弱，如果它寄生的宿主植物（典型的宿主植物是草地早熟禾）减少了，替代的寄生宿主植物缺乏，就会导致种群数量的减少。目前英国该植物只剩下四个种群，羽冠山萝花急需保护。物种丰富的山萝花草地给那些生存在其周边的物种提供了丰富的生态系统服务。碳中和、传粉昆虫和迷人的美景都是羽冠山萝花独有的优势，公共资金应投入到支持其再生的土地管理上。让灌木篱墙的边缘保持多样化的生态环境，而不是喷洒农药把那里变成单一的植物栖息地，这对人类和自然都有好处。

羽冠山萝花属于列当科植物，是最极端的植物种群。在其多样化和奇妙的寄生和半寄生植物中，存在因被寄生而导致极端脆弱和极端贫瘠的例子。有些种类比如瓜列当、分枝列当、向日葵列当，能够利用寄生能力造成农作物的歉收，特

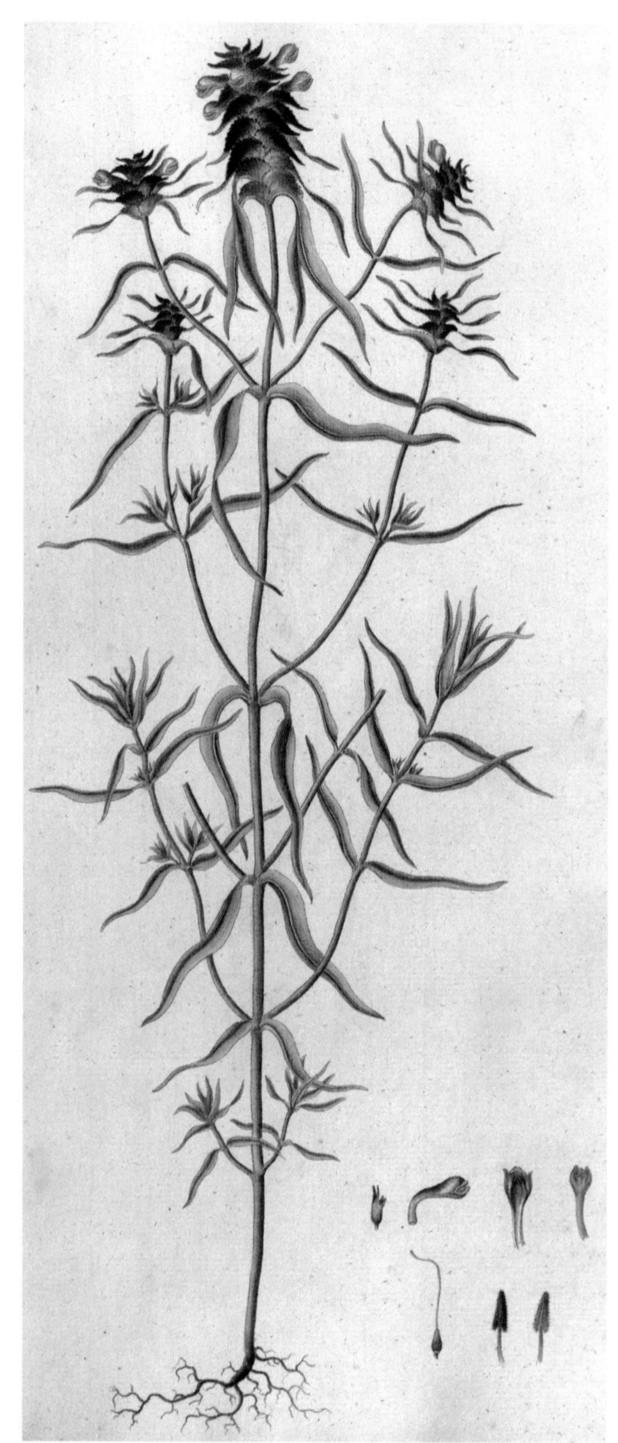

左上图：
羽冠山萝花，摘自约翰·柯蒂斯，《英国昆虫学》，1823—1840 年。

上图：
羽冠山萝花，格奥尔格·克里斯蒂安、奥代尔等绘制，1761—1883 年。

对页图：
羽冠山萝花，卡尔·阿克塞尔·马格纳斯·林德曼绘制，摘自《北欧植物图谱》，1922—1926 年。

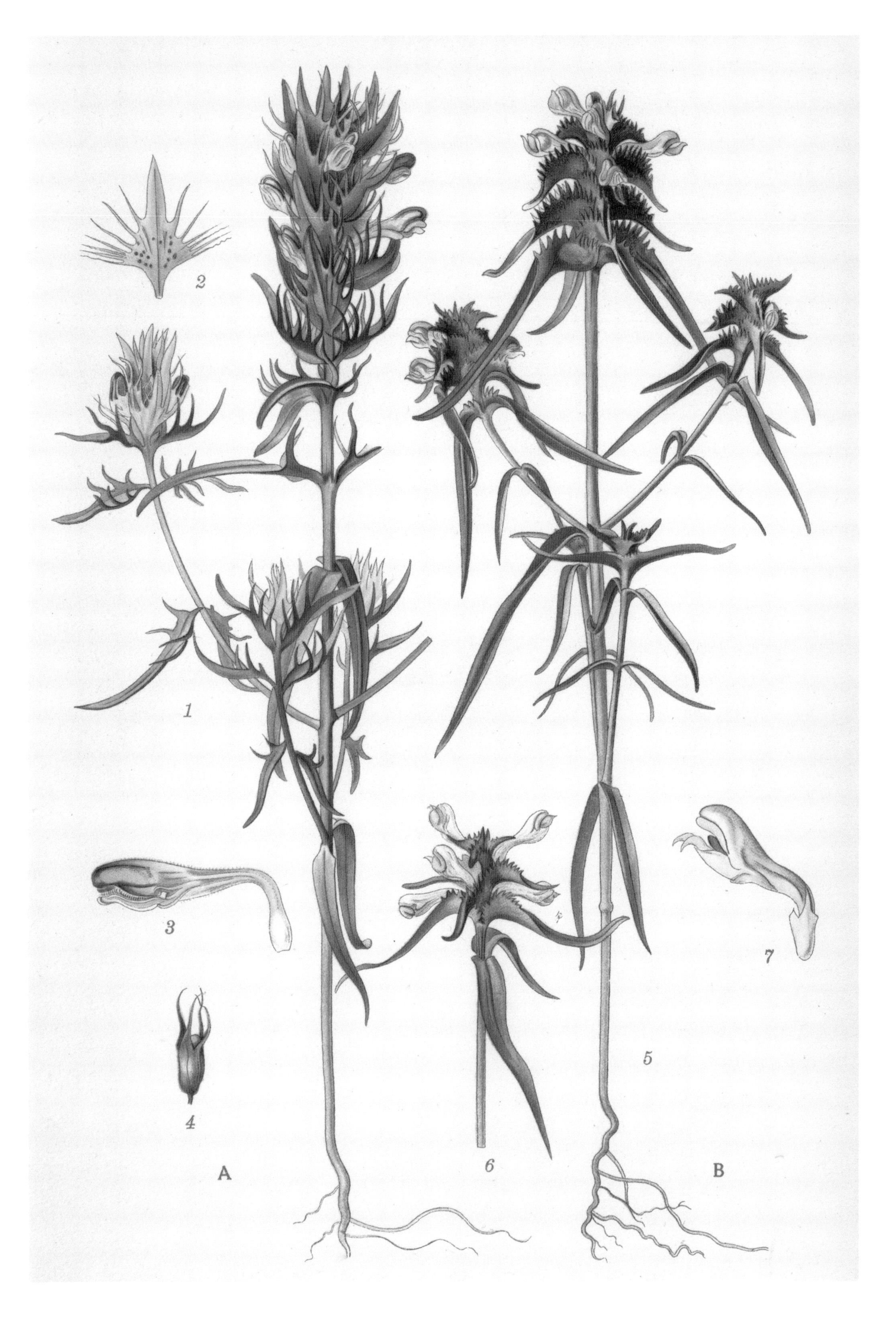
2
1
3
4
A
6
5
7
B

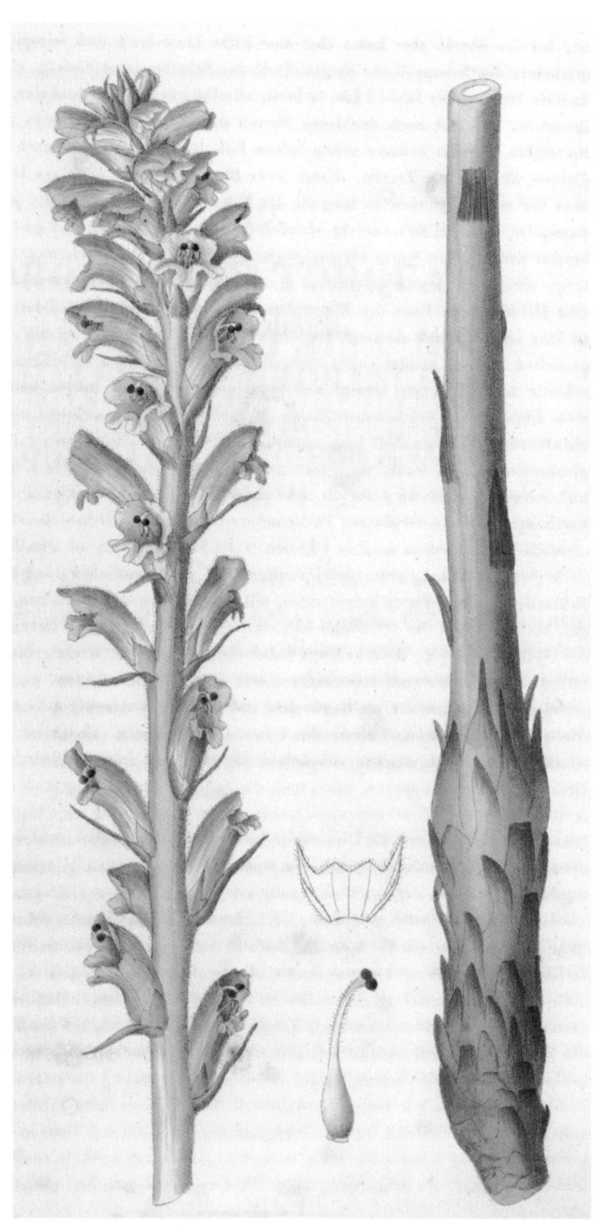

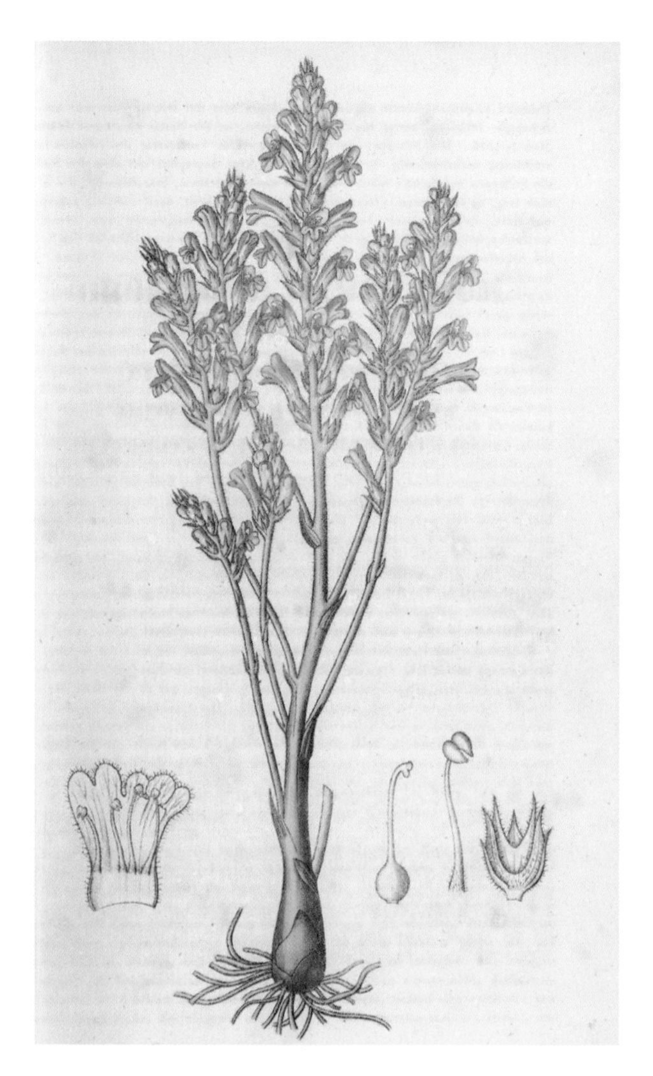

左图：
丝毛列当，阿尔伯特·迪特里希绘制，摘自《植物区系》，1833—1844 年。

上图：
分枝列当（肉苁蓉），阿尔伯特·迪特里希绘制，摘自《植物区系》，1836 年。

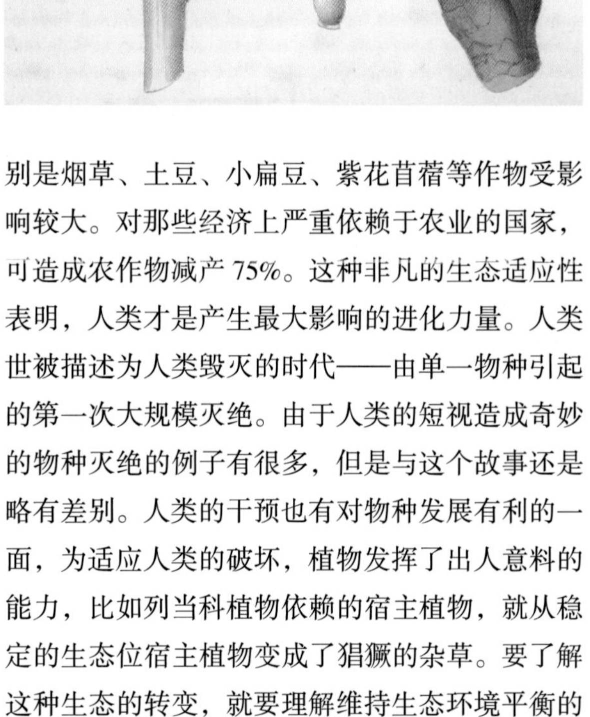

别是烟草、土豆、小扁豆、紫花苜蓿等作物受影响较大。对那些经济上严重依赖于农业的国家，可造成农作物减产 75%。这种非凡的生态适应性表明，人类才是产生最大影响的进化力量。人类世被描述为人类毁灭的时代——由单一物种引起的第一次大规模灭绝。由于人类的短视造成奇妙的物种灭绝的例子有很多，但是与这个故事还是略有差别。人类的干预也有对物种发展有利的一面，为适应人类的破坏，植物发挥了出人意料的能力，比如列当科植物依赖的宿主植物，就从稳定的生态位宿主植物变成了猖獗的杂草。要了解这种生态的转变，就要理解维持生态环境平衡的生物多样性与人类自身的经济繁荣之间的关系，在这种关系中，人类最好的干预措施是既能造福人类，也能造福自然。

D. Augusti Qvirini Rivini
Lipsiensis,
INTRODUCTIO
Generalis
in
REM HERBARIAM.

M DC XC.
Sumptibus Autoris,
Lipsiæ,
Typis CHRISTOPH. GÜNTHERI.

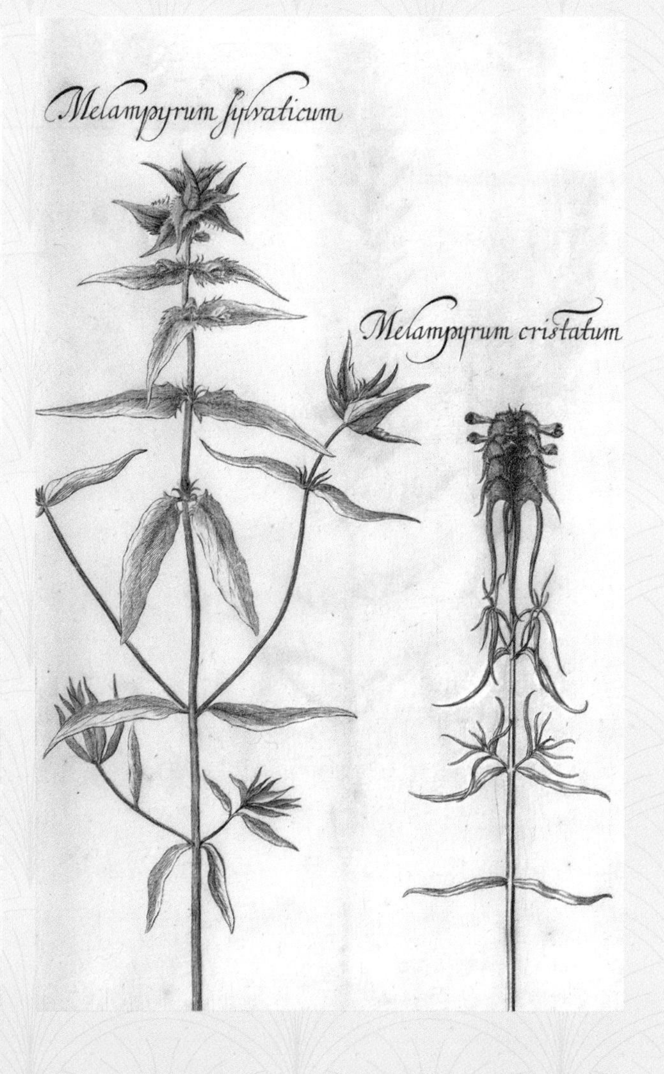

扉页和印有羽冠山萝花的页面，选自奥古斯都·基里努斯·里维努斯所著《植物标本学概论》，1690—1699 年。

里维努斯是一位德国植物学家，他的植物分类方法后来被林奈采用，用来帮助形成林奈自己的二项式分类系统。

27

爱登堡猪笼草 / *Nepenthes attenboroughii*

猪笼草属的几种植物是经过精确进化的、非常美丽的植物，同时却也是足以让昆虫毙命的死亡之草。它能诱捕从昆虫到哺乳动物的一切生物，据传有一种猪笼草甚至能够捕捉老鼠，这是一种能让人联想到热带栖息地生物间关系高度复杂，又彼此高度互动的植物。

猪笼草通常被简单地归为一类植物，统称为食肉植物。从整个进化谱系来看这是个不同的种类范围，但都在不同程度上依赖于分解昆虫来获取营养补充。从肉眼可见的捕蝇草戏剧性的昆虫捕捉，到显微镜下狸藻属植物暗藏杀机的捕虫囊捕食，植物们展现出了仅仅为解决自身的营养需要而进化出的奇妙适应行为。

猪笼草是由 170 多个种群组成的重要植物属。它分布在生物多样性高度丰富的东半球热带地区，主要集中在菲律宾、婆罗洲和苏门答腊岛。这些栖息地难以接近，物种又错综复杂，所以经常有猪笼草的新物种被发现，仅 2013 年在菲律宾就发现了 12 个新物种，并为之进行了命名。

猪笼草属植物以攀援植物为主，也有一些灌木种类，它们通过几米长的茎攀爬在热带雨林高得令人眩晕的树干上。它们借助森林伙伴获得向上攀爬的支撑，但并不寄生于这些伙伴，而是进化出独特的捕虫器官来获取营养补充。

凭借一套非凡的独家捕虫秘笈，猪笼草吸引、诱捕，最终杀死捕获的猎物。猪笼草释放出香味以引诱昆虫和哺乳动物，隐藏在猪笼草蜜腺中的甜蜜汁液是对猎物的犒赏诱惑。猪笼草捕虫笼的瓶口内缘非常光滑，能够诱导猎物毫无阻碍地爬进捕虫笼。然而进去容易出来就难了：一排向下

左图：
滴液猪笼草，S. 霍尔登绘制，摘自约瑟夫 · 帕克斯顿，《帕克斯顿植物学杂志》和《开花植物名录》，1841 年。

对页图：
爱登堡猪笼草，露西 · 史密斯绘制，2016 年出版。版权归食肉植物协会所有。

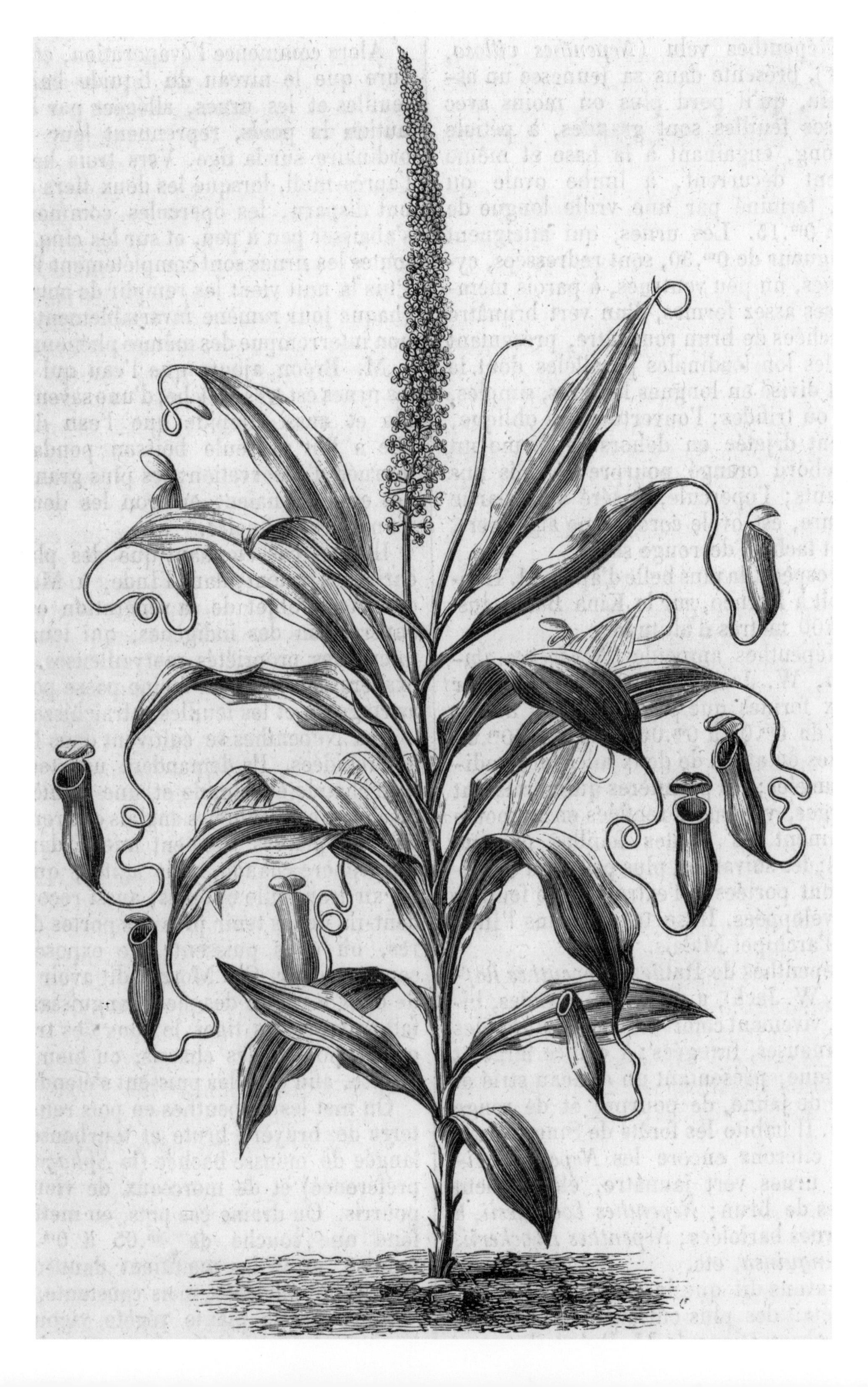

的毛发抑制了猎物向上攀爬，而不断重复尝试向上爬慢慢地会使猎物们疲惫不堪。当猎物们最终滑落到瓶底时，一池分泌好的富含酶的汁液足以淹死猎物，并将其分解，逐渐将昆虫消化吸收成自己身体的一部分。

爱登堡猪笼草是为纪念自然博物学家大卫·爱登堡爵士而以他的名字命名的，是新发现并命名的物种。它提醒人们，保护世界的生物多样性，包括命名新物种，是一项艰巨的挑战。菲律宾是猪笼草的主要分布地，仅在菲律宾群岛就有 16 种猪笼草。这些非同寻常的偏远森林栖息地激起了人们的好奇心，还有更多的东西有待发现。

事实上，2007 年前往巴拉望群岛维多利亚山的一次探险，其动机就来源于此。探险队从茂密的森林出发，随着向上攀登的继续，森林变得越来越稀疏，突然出现了一片长满灌木的岩石栖息地。在灌木丛中的岩石突起上，生长着一些不同寻常的东西：一种巨大的猪笼草，其捕虫笼长达 30 厘米。各大报纸都抓住了发现一种新植物这一新闻线索，但标题铺天盖地写的都是“发现了新的食肉植物”“山上发现食鼠植物”。

植物学家本能地认为这是一个目前尚未为大众所知的物种，这点很快就得到了证实。这确实是一个新的物种，在发现的同时它就进入了《世界自然保护联盟（IUCN）濒危物种红色名录》：爱登堡猪笼草一经发现就被列为“极度濒危”物种。它只在菲律宾群岛中的一个岛上有分布，在这座岛的一座山上，面积只有 10 平方千米，爱登堡猪笼草的种群已然岌岌可危。

“新发现的物种”这一名声并没有让它在世界范围内受到欢迎。这种令人向往的新品种如今在市场上到处销售，肆无忌惮的收藏家和偷猎为这个小种群带来了严重的威胁。还有多少偏远的山顶上栖息着科学家所不熟悉的物种，哪些又能改变人类对进化的理解或能给人类带来巨大好处呢？对它们的识别和保护的挑战还在继续。

对页图：
滴液猪笼草，摘自《园艺杂志》，1861 年。

上图：
锡兰猪笼草和蝴蝶，玛丽安娜·诺斯绘制，1877 年。

University of Pennsylvania.

THE COLLEGE.

BOTANY.

PHILADELPHIA, 31st August, 1907.

Dear Dr. Prain

I have just returned from the Catskills where for some weeks I have been bagging innocent game in the form of dried plants. It is now my pleasant duty to thank you for the Nepenthes plants, you and Mr Watson kindly sent in my absence. All are doing well, and are a welcome addition to our collection, as I am hoping soon to go rather minutely into Nepenthes hybrids.

My Sarraceniaceae and Nepenthaceae monographs for Engler are now almost ready for publication, and I am now working on a more exhaustive monograph of the whole series as I had planned years ago. In

furtherance of this I am hoping to make another trip to Kew, Leiden and other centres rich in material, next summer if all goes well.

I hope you do not feel very bad against me that I have tempted whole three of your Kewites over here to our Botanic Garden. It is practically impossible to get skilled native help here, for the average Yankee thinks "there aint enough dollars in that 'ere business for me". Thomas seems to be a very nice intelligent fellow. I was pleased with him last year when I happened to meet him in his rooms, and to get some help in plant preservation from him. The other two also shape well.

Though full of years and honors I was very sorry to note the death of Dr Masters, one who always seemed to me a noble kindly gentleman. I am

University of Pennsylvania. 399

THE COLLEGE.

BOTANY.

PHILADELPHIA,

glad however to note that Sir Joseph has passed the 90 milestone in lifes journey, a long life of truly marvellous activity.

Give (my kindest remembrances please to your good Lady, and the different workers at Kew whose acquaintance or friendship I have had the good fortune to make. Best wishes also for your highest success in your onerous but most honourable position)

Very truly Yours

John M. Macfarlane

1907年8月31日，美国费城宾夕法尼亚大学植物系约翰·缪尔黑德·麦克法兰写给英国皇家植物园园长大卫·普雷恩爵士的信。

麦克法兰是一位苏格兰植物学家，在宾夕法尼亚大学做了近30年的教授。1908年，他出版了一本关于猪笼草属植物的专著，这在当时是对猪笼草属植物研究最详尽的著述。他在给普雷恩的信中提到了在写这本书，并报告说书稿基本快完成了。

28

萍蓬草 / *Nuphar pumila*

萍蓬草的名字起得很好，这种植物永远不会因为无处不在而受到指责。仅在英格兰的什罗普郡中部的一片水域，它就是一些物种进化出的生态位专业化的绝佳例子。

想想那些无处不在的植物，比如醉鱼草或是蒲公英，它们能够在干燥或潮湿的土壤中生长、开花、播种，不论土壤肥沃还是瘠薄，它们既能耐阳也能耐阴。这些植物的生态带很宽泛，使得它们在性质上属于开疆拓土型，在分布上可以是世界范围，这种增长模式可能被一些人形容为“似杂草般容易滋生”。

在本书中，人类活动经常被认为会给生物多样性带来压力，但也可能有利于一些植物。被破坏的土地是人类不断发展产生的副产品，为开拓物种提供了机会。它刺激某些植物种子的增殖或营养定植的增殖（通过根或地上茎传播），能够经常在铁路路堤和河岸发现这些植物。

萍蓬草永远不可能像蒲公英那样主宰这片土地。它需要精确的光照、氧气、营养物质和浑浊度（决定了它在水中栖息地的移动），完全不能在陆地上生长。从根本上说，萍蓬草是一个脆弱的物种，受限于一系列不常具备的条件，容易受到环境的干扰。

睡莲科的萍蓬草虽然不像莫奈所钟爱的睡莲那样具有显著的装饰性，但人们还是一眼就能认出它：那独特的波浪边、心形的叶子，从浸没在水中的根茎（多年生根结构）中长出来；花朵结构微妙而美丽，浅黄色的简单结构反映了植物的古老起源。

这种植物的一个关键特征是其叶子的背面被毛或被短柔毛，这一特征将它与其近亲欧亚萍蓬草区别开来。萍蓬草已形成的野生种群是个引人注目的景象，它们聚集在大型淡水水体的边缘，每当微风掠过，叶片就会轻触水面形成慵懒的节奏。

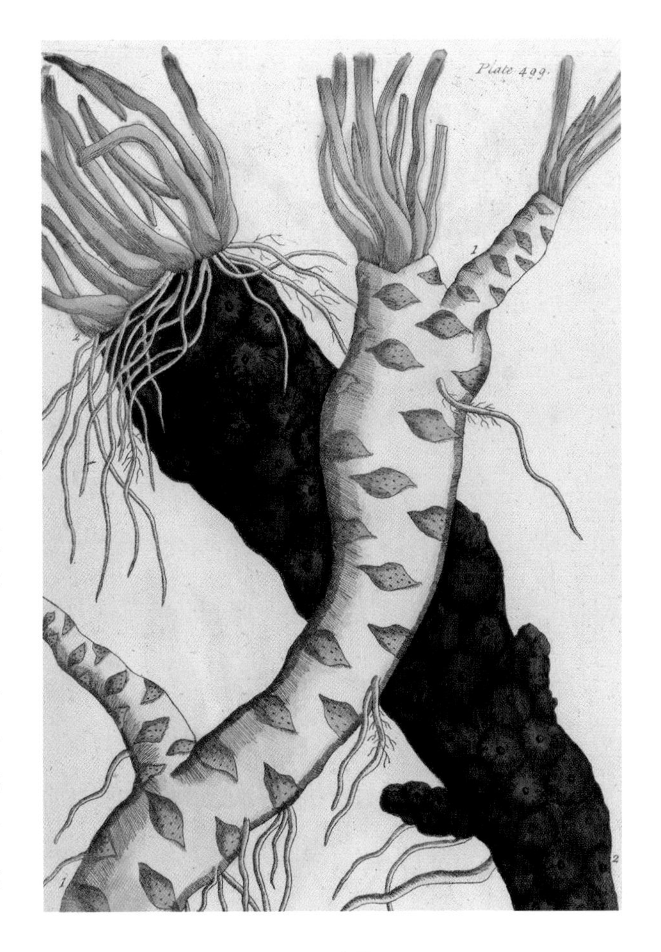

对页图：
萍蓬草，詹姆斯·索尔比绘制，摘自《英国植物学》，1863年。

上图：
欧亚萍蓬草的根，伊丽莎白·布莱克威尔绘制，摘自《奇妙草药》，1737年。

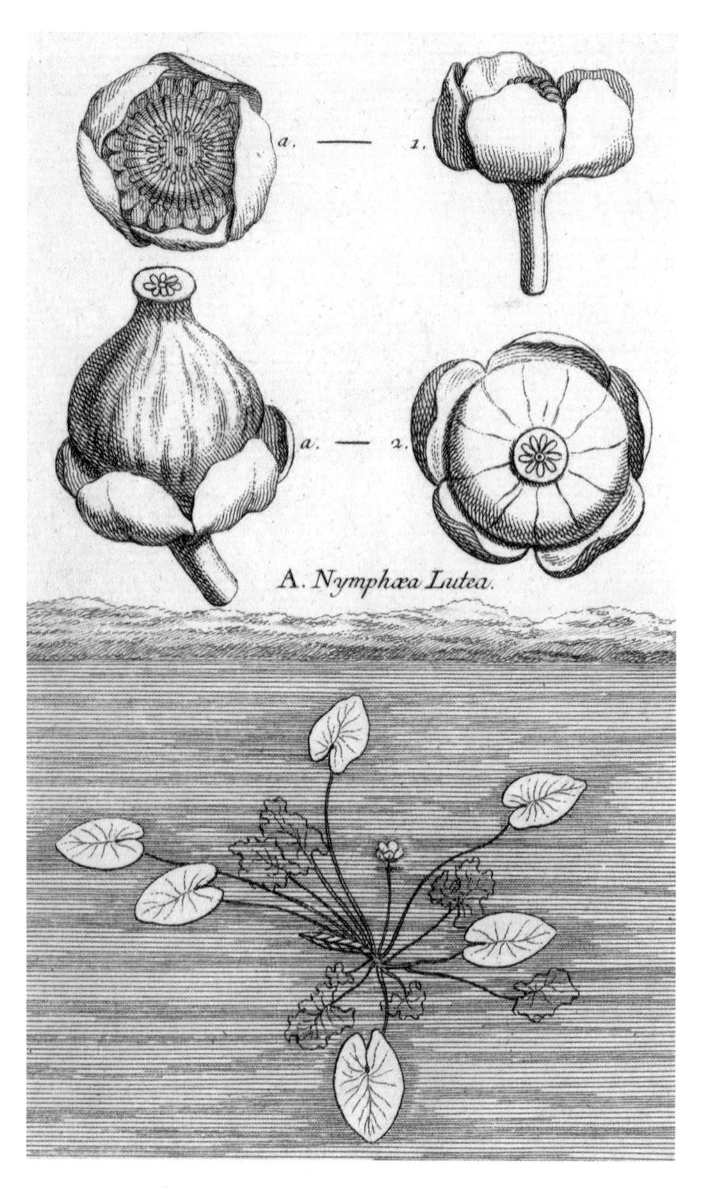

上图：
欧亚萍蓬草，艾迪安－弗朗索瓦·若弗鲁瓦和弗朗索瓦·亚历山大·皮埃尔·德·加索，《719种国内外植物特征、益处及用途》，1767年。

对页图：
欧亚萍蓬草，伊丽莎白·布莱克威尔绘制，摘自《布莱克威尔标本集》，1760年。

在2017年启动的保护计划之前，英国仅有的萍蓬草分布在科尔米尔水域，在英格兰什罗普郡的惠特彻奇，靠近威尔士边境。而这个种群在苏格兰有着更广泛的分布，在那里有超过100个有记录的种群分布。相隔不过数百英里，苏格兰的萍蓬草却仅存一小部分，这给科学家们提出了有趣的问题：苏格兰种群和英格兰种群的萍蓬草曾经是同一个萍蓬草种群的一部分吗？是不是有一股特别的力量，例如迅速消退的冰川，使苏格兰的萍蓬草种群分布陷入了困境？

遗传学家可以取样和比较种群的基因组，以寻找分化和漂移的迹象。巨大的遗传差异表明，这些种群可能在很久以前就分离了，尽管环境影响或与类似物种欧亚萍蓬草的杂交搅浑了遗传这摊水，阻碍了对最终结论的寻求，但初步分析表明，英格兰种群和苏格兰种群的萍蓬草有着相似的基因组。

在欧洲的几个国家，萍蓬草都受到了威胁。它不能在富营养化的水体中生存，而在萍蓬草的栖息地，密集的农业导致营养物质从高地被冲刷到水中。考虑到整个流域内的环境相互作用，制定相关的土地管理政策，是保护像萍蓬草这样脆弱的物种必须要考虑的。

虽然萍蓬草最后被发现只在英格兰的一个地方有生长，但记录显示，它曾经在英国拥有另外的据点。在一项由英国自然基金会赞助的研究中，研究人员提出了环境条件能培育萍蓬草的其他地点。为了增加这种植物在英国的分布，政府发起了一项保护计划，也许还会给这种植物起一个新的名字。

一个由来自英国皇家植物园的科学家们和园艺家们组成的团队，勇敢地冒着严寒，前往相当阴冷的科尔米尔水域收集萍蓬草的种子和根系材料，用以繁殖和发展萍蓬草，最后让这些萍蓬草能够移植到一个新的迁地（远离最初的野生环境），并进一步将其引入到迁地的水体中。

如何正确种植一株对环境要求最低的萍蓬草？在威克赫斯特，邱园的野生植物园，天才的园艺家运用他们的水生植物知识和第一手经验，深度模拟了什罗普郡的水域环境。用一个有中等光照、最低营养、刚好足够的氧气和稳定而凉爽的温度的容器，让这种脆弱的物种得以在其中蓬勃生长，创造出了这一美丽而又特别的植物新种群。

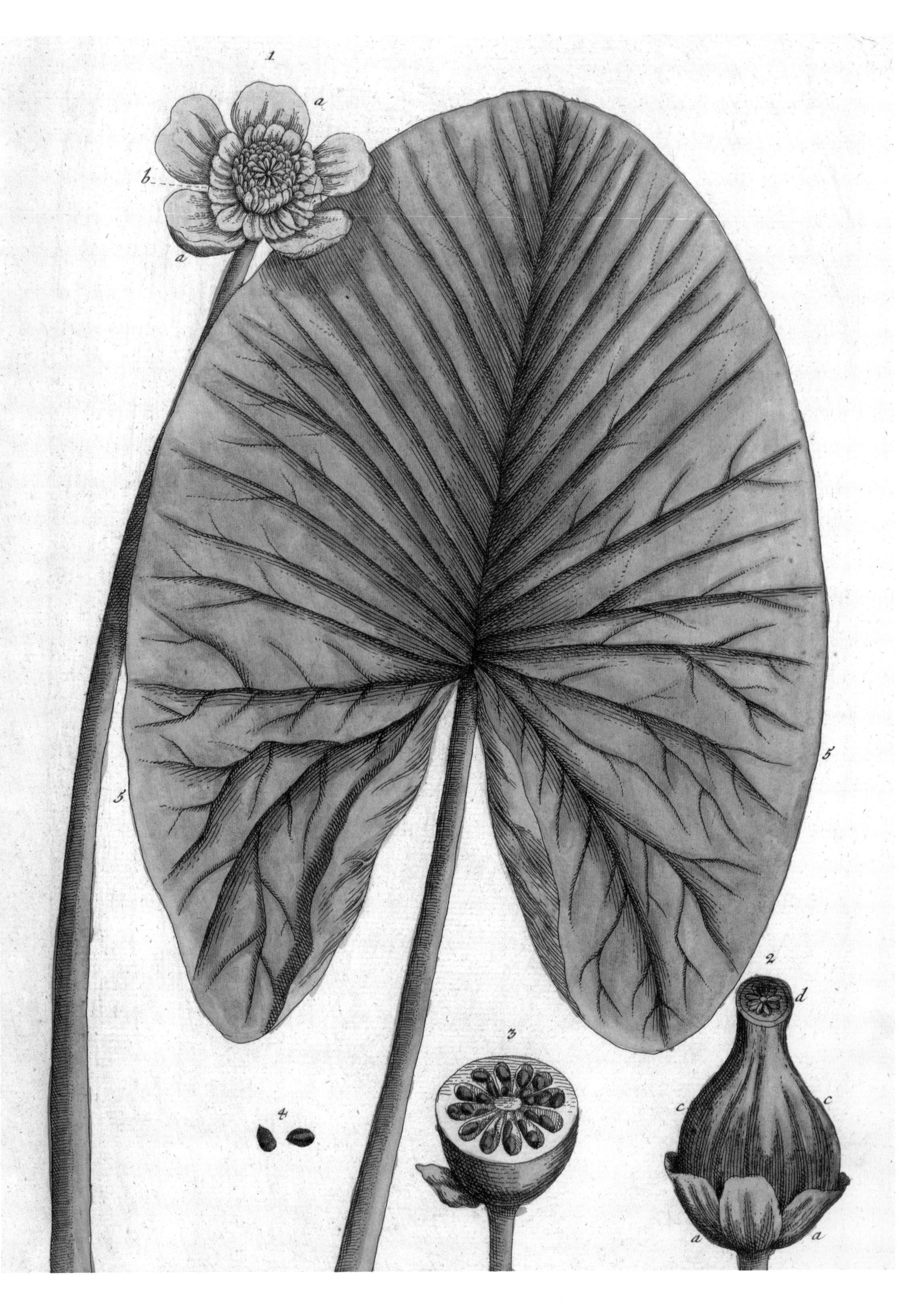
1
a
b
a
5
5
2
d
3
4
c
c
a
a

29

侏儒卢旺达睡莲 / *Nymphaea thermarum*

睡莲是一个古老的种群，是进化最早的开花植物之一。其在非洲、亚洲、南美和欧洲都有分布，说明这个家族的起源由来已久，并且在我们如今的一些大陆还连在一起的时候，这个家族就开始分支了。

在远离萍蓬草生长的寒冷的什罗普郡的地方，生长着另一种与众不同的家族成员：侏儒卢旺达睡莲。它同样有着特定的生长条件。我们只发现了它的一处野外生长地：卢旺达西南部马舒扎的一个温泉边。

侏儒卢旺达睡莲并不是生长在温泉水里，而是生长在温泉水溢出后滋润过的温暖、潮湿的泥土里。它偏爱25℃的恒定温度，这一植物完美诠释了什么是“生态位要求”。

侏儒卢旺达睡莲于1987年才被发现，考虑到它独特的生长位置而且体量很小，对于发现它的植物学家来说这是个了不起的成就。侏儒卢旺达睡莲是睡莲中最小的品种，小小的侏儒卢旺达睡莲叶子只有一厘米宽，花白色，长于叶子以上几厘米，花蕊是一簇黄色的雄蕊。

需求如此精确的植物很容易受到生长环境变化的影响，也许是马舒扎温泉周围的土地变换了用途，所以不可避免地危及到了侏儒卢旺达睡莲的生存。对蓄水层的过度使用导致侏儒卢旺达睡莲栖息地的水文状况发生了改变，使其生长的土壤变得干燥，导致其开始衰败，不到三年的时间就灭亡了。野生的侏儒卢旺达睡莲已经灭绝，这需要人们对保护当地特有脆弱性植物引起深刻反思，也对全球植物的保护提出了严峻挑战。值得庆幸的是，我们并没有完全失去这种植物，园艺家们的聪明才智让侏儒卢旺达睡莲在植物园里存活了下来。

上图：
侏儒卢旺达睡莲，也称延药睡莲，摘自《柯蒂斯植物学杂志》，1801年。

对页图：
侏儒卢旺达睡莲，露西·史密斯绘制，摘自《柯蒂斯植物学杂志》，1984年。

再造被温泉水润湿的泥土，持续保持泥土湿润，这些并不需要由园艺家们每日来完成。这要归功于英国皇家植物园邱园不是一个普通的花园。热带苗圃是邱园植物园里的世界奇观之一，这儿远离游客，并为珍稀植物提供特定的生长条件，让它们在这儿安家。热带苗圃研究小组经常面临一个挑战：如何培育从未种植过的东西？找到办法就可以让一种植物免于灭绝。

英国皇家植物园园艺学家卡洛斯·玛格达莱娜成功推导出了侏儒卢旺达睡莲的生长方法，他是一位擅长复制精确条件使濒危植物茁壮成长的大师。从模仿植物的野生栖息地开始，每一个细节都要考虑到：光照水平、土壤类型、传粉者、养分的有效性、通风水平，甚至水中的矿物质含量。在野外生长的所有因素，都可以在栽培过程中滋养或杀死植物。玛格达莱娜的愿望是，不仅仅要让侏儒卢旺达睡莲存活下来，还要它茁壮成长，开花结果，繁衍后代。

在最初的实验中，珍贵的侏儒卢旺达睡莲被种在泥土中，温度被小心地维持在 25 摄氏度的恒定温度，并仔细监测其 pH 值和溶解气体的水平，尽管对生长环境进行了精确的控制，但幼小的侏儒卢旺达睡莲却举步维艰。后来培育方法改为到漂浮在水上的培养槽中进行种植，情形有了突破。虽然与野生环境并不完全一致，但这种方法可以更精确地调节二氧化碳和氧气的水平。有了这个“开关”，热带苗圃很快就培育出大量的侏儒卢旺达睡莲，它们于 2009 年第一次开花。在可靠的繁殖方法和全球植物园网络的协同支持下，有可能建立起侏儒卢旺达睡莲的一个可存活的新种群。

将卢旺达南部的温泉单独隔离开来，让侏儒卢旺达睡莲重归野外栖息地的可能性是存在的，但前提是必须与当地政策制定者和土地管理者合作才能完成。在那一刻到来之前，它在邱园里是安全的。

对页图：
白睡莲，玛蒂尔达·史密斯绘制，《柯蒂斯植物学杂志》，1926年。这里展示的是彩色和非彩色的底版。

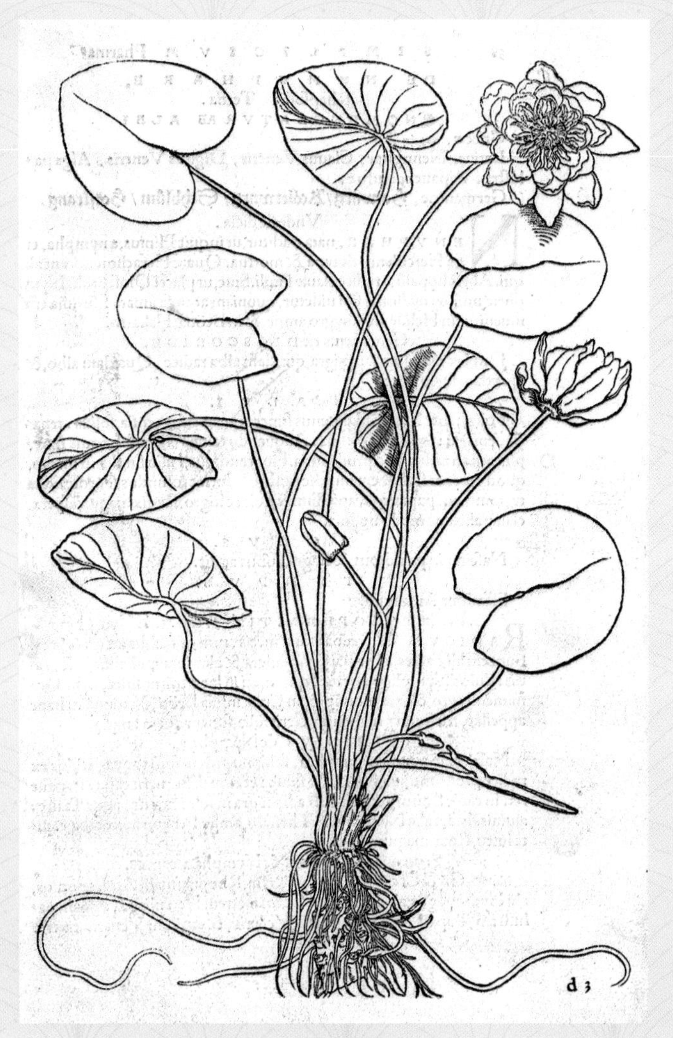

左图：
睡莲，奥托·布伦菲尔斯绘制于托米植物标本室，1530年。韦尔科姆收藏馆收藏。

下图：
侏儒卢旺达睡莲，古斯塔沃·苏罗绘制，《柯蒂斯植物学杂志》，2019年。

仙人掌 / *Opuntia*

仙人掌被广泛用于食品、药物、染料、建筑和围栏，对人类是极为有用的资源。尽管仙人掌的原产地在美洲，但梨果仙人掌在全球范围内分布广泛。仙人掌这一最具世界性的植物被吸收到地中海、中东和北非的美食和文化之中，但仙人掌属的其他植物物种并不丰富。加拉帕戈斯仙人掌只在加拉帕戈斯群岛有分布，最近的保护工作稳定了这一种群，块根仙人掌则仅在墨西哥一个干涸的湖泊有分布。

仙人掌是一种丰富的自然资源：对水分的需求最小，易于栽培，经济应用多样化。结实的、竖立的梨果仙人掌，是极好的防牛屏障，在马耳他也用它来在田里划定界限。尽管拥有许多人类渴望利用的优良特性，梨果仙人掌因对新环境极易适应，反而成为了入侵物种。

仙人掌被快速引进澳大利亚，本是从经济角度出发，结果却事与愿违。本打算将其用作胭脂虫的寄主植物，储存胭脂虫，阻止胭脂虫泛滥，但并没有成功，4 万多平方千米的大片潜在的农场，很快被仙人掌吞没。之后，引入了一种以仙人掌为食的蛾子，才迅速遏制了仙人掌的优势地位，从而消灭了这种植物，这是通过生物控制的办法取得了扭转外来物种猖獗肆虐的罕见胜利。

将仙人掌果实的刺状凸起（较细的刺，被称为钩毛，会刺痛喉咙）处理掉后，梨果仙人掌富含营养的果肉是维生素 C、E、K 的来源，也是抗氧化剂和氨基酸的良好来源。仙人掌是墨西哥人的一种主食，可以做成甜的和咸的等多种口味。

在传统墨西哥医学中，仙人掌还是公认的治疗烧伤、肥胖、糖尿病和胃病的药物。最近，一种以仙人掌为原料合成的产品正在用于治疗新陈代谢紊乱，人们对它降低胆固醇、控制动脉粥样

上图：
胭脂掌，米歇尔 · 埃蒂安 · 德斯科蒂尔茨绘制，摘自《安地列斯群岛药用植物》，1821—1829 年。

对页图：
银扇仙人掌，沃尔特 · 胡德 · 菲奇绘制，1842 年。

硬化（脂肪堆积）和改善心脏健康的能力越来越感兴趣。仙人掌的耐旱性和药用潜力使其成为未来的重要经济作物。

梨果仙人掌的盛产和块根仙人掌的稀缺之间的对比再明显不过了。后者是一种娇嫩的小仙人掌，枝干细长，高度不超过 25 厘米。它生长在干旱的墨西哥萨卡特卡斯州，似乎很好地适应了恶劣的环境。它那进化而来的长刺，减少了水分蒸发，也防止了被放牧的牛羊吃掉。野生块根仙人掌只有 12 平方千米的面积，主要集中在一个湖泊在湖水泛滥之后干涸而形成的平原，已知的成熟样本只有 15 个。

人类活动正在迅速减少高度依赖于稳定的生长环境的物种。现代牛的品种与随着块根仙人掌一起进化的动物相比较，不太在意仙人掌的多刺，所以仙人掌的防御对它们基本不起作用。肉厚多汁的仙人掌根部因有抗炎作用而被用于传统草药，这导致了对仙人掌的破坏性采挖和非法贸易，违背了《濒危野生物种国际贸易公约》（CITES），块根仙人掌已然被列在濒危物种保护名单之中。

加拉帕戈斯群岛仙人掌只存在于加拉帕戈斯群岛。这是一种非常特别的树状仙人掌，可以长到 5 米高。它有一个独特的“树干”，高耸在矮小的叶状茎之上，它还是岛上乌龟的食物。虽然引进的食草动物正在威胁这一种群的生存能力，但人们已经开始采取积极的保护措施来阻止这一威胁。

加拉帕戈斯群岛向我们展示了如何正确地评估生物多样性的价值，那些足够幸运得以一览这一濒危物种容姿的游客需要支付适当的费用，以支持生态保护。这些收入都用于支持加拉帕戈斯群岛的保护工作，通过这一良性循环来维护这一世界野生生物的奇迹。

右图：
仙人掌，J. 帕斯绘制，大约 1800 年。韦尔科姆收藏馆收藏。

对页图：
特纳利夫岛开花的库拉索芦荟和胭脂掌，玛丽安娜 · 诺斯绘制，1875 年。

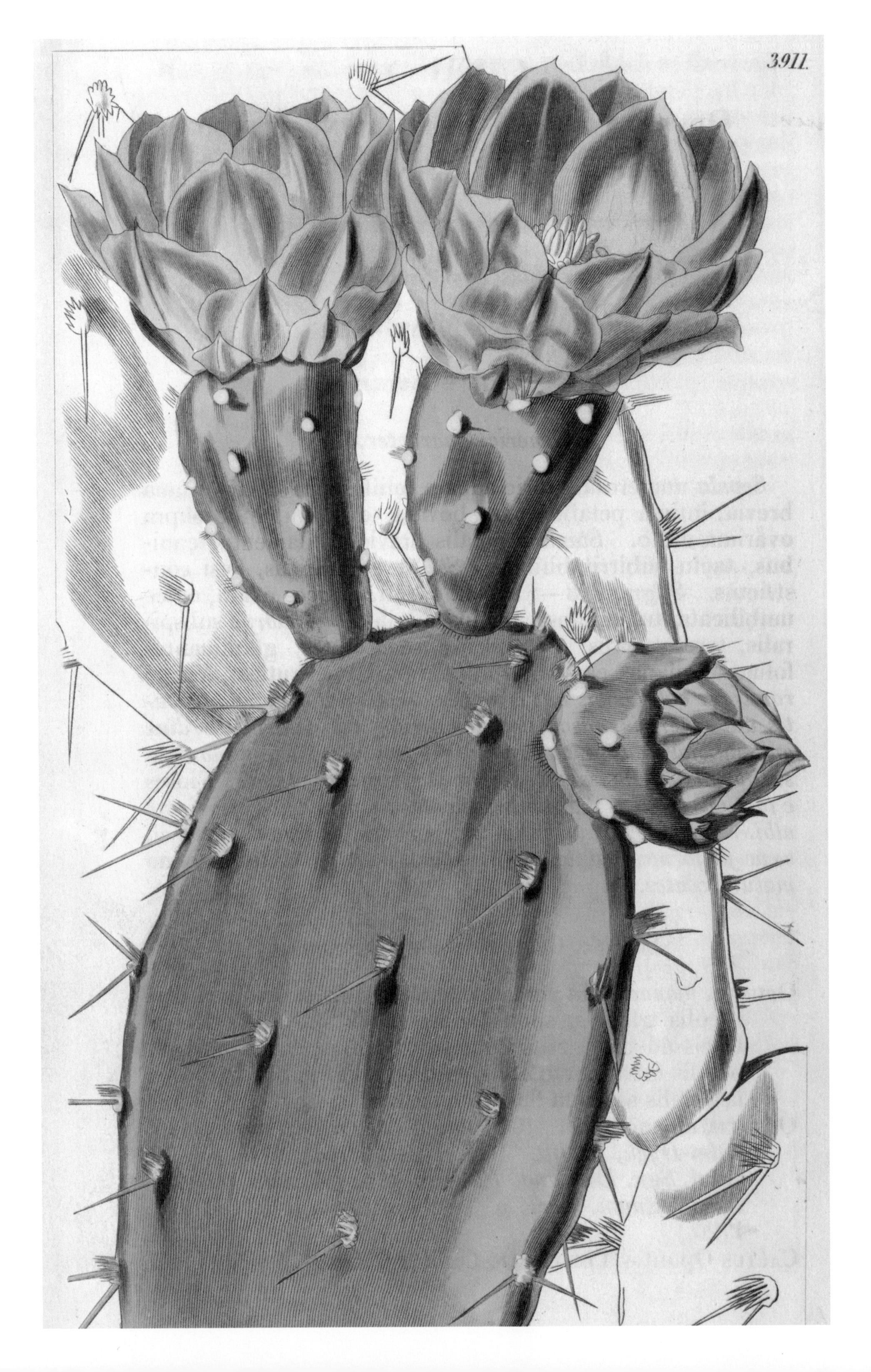
3911.

REMBERTI
DODONAEI
MECHLINIENSIS
MEDICI CÆSAREI

STIRPIVM HISTORIAE
PEMPTADES SEX.
SIVE
LIBRI XXX.

ANTVERPIÆ,
Ex officina Chriſtophori Plantini.
M. D. LXXXIII.

扉页和印有梨果仙人掌的书页，蓝伯特·多东斯，摘自《植物有性繁殖历史》30 卷本，1583 年。

多东斯的不朽著作在国际上大受欢迎，以多种语言出版，在当时是继《圣经》之后翻译量第二多的书。

PEMPTADIS SEXTÆ LIB. III. 801

Siccæ autem Ficus, ſiue Caricæ, mediocriter excalfaciunt, nutriunt quoque, & alimenti non exiguum conferunt, ſed tamen non probum ſanguinem gignunt: quamobrem & offenduntur qui iis largius veſcuntur, & copia pediculorum ipſis prouenit: Aluum verò & faciliorem reddunt, & ad excretionem irritant; præſertim ante alios cibos præſumptæ. Aſperæ arteriæ, pectori, pulmoni, renibus, ac veſicæ vtiles ſunt, nec muliebri vtero incommodæ: attenuandi ſiquidem, leniendi, concoquendi, ac maturandi facultatem obtinent. Quæ pectori inhærent concoquunt, maturant, & expurgant, præſertim cum Hyſſopi aut conſimilis herbæ decocto: ventri, tuſſi, ac diuturnis pectoris ac pulmonis vitiis hoc modo auxiliantur. renes expurgant, & ab arenulis liberant: veſicæ dolores mitigant: grauidæ ſi Ficubus aliquot ante partum diebus veſcuntur facilius pariunt: exanthemata ſiue papulas præterea, & ſudores Ficus etiam, vt Dioſcorides ait, prouocant. Tumores vel concoquunt vel diſcutiunt; ad concoquendum Triticea farina; ad digerendum Hordeacea admixta, Galeno auctore, conferunt.

Decoctum Ficuum oris ac faucium tumores & abſceſſus citò faciléq; ad ſuppurationem perducit, ſæpius in ore detentum aut gargarizatum.

Lacteus autem Fici arboris liquor & ſuccus foliorum eius non mordicat tantùm, aut abſtergit vehementer, ſed & vlcerat, & ora vaſorum reſerat, & myrmecias eiicit: verùm & purgare poteſt: auctor Galenus. Coaguli modo, Dioſ. ait, lac coagulat, concretumque vt acetum diſſoluit. Menſtrua cum oui luteo aut Tyrrhenica cera appoſitus cit: podagricorum cataplaſmatis cum farina Fœnigræci & aceto vtilis. lepras, lichenas, diſcolorem à Sole cutem, alphos, ſcabies, ichoras cum polenta expurgat. Inſtillatum plagæ percuſſis à ſcorpione, venenatorum ictibus, & rabioſi canis morſibus auxiliatur. dentium doloribus lana exceptus prodeſt, & cauitati eorum inditus. myrmeciam tollit cum adipe circumlita in ambitu carne.

De Ficu Indica. CAP. XXI.

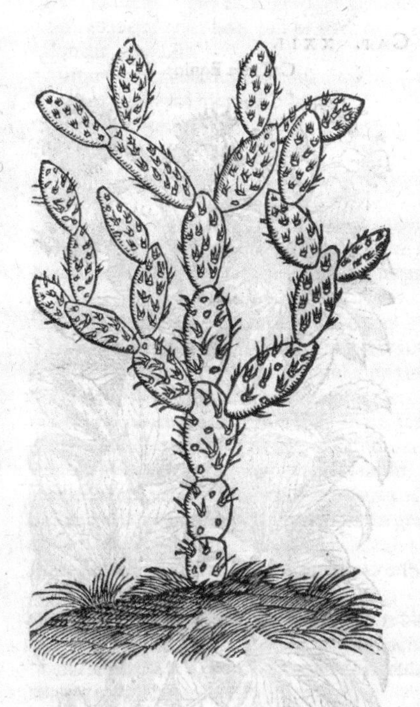

Ficus Indica.

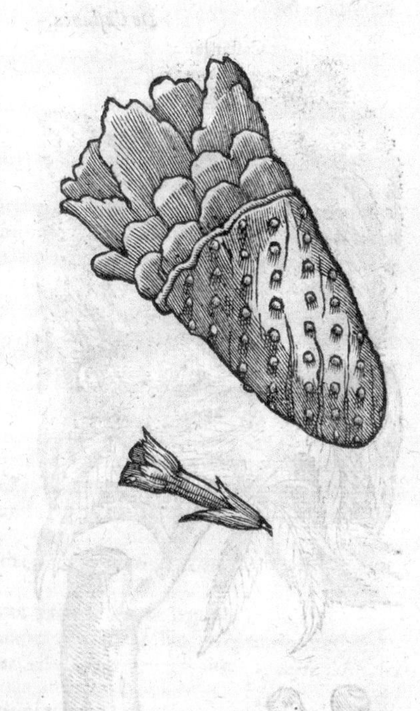

Ficus Indicæ fructus & flos.

INDICA hæc Ficus appellata arboris ſpecie abſque caudice & ramis adoleſcere videtur, tota enim nihil aliud quàm ex foliis folia apparet; folium ſiquidem in terram depactum mox radices agit, & alia ex ſe promit, à quibus & aliis prodeuntibus ſuccedunt rurſus & alia, donec ad arboris altitudinem peruenerint, effuſis interim & veluti ramis, ab vno nempe ſubinde

对页图：
单刺仙人掌，沃尔特·胡德·菲奇绘制，摘自《柯蒂斯植物学杂志》，1842 年。

31

巨瓣兜兰 / *Paphiopedilum bellatulum*

兰花家族非常庞大，非常复杂，由兰科家族许多非凡的品种进化可见一斑。从英国的草甸到美国的沼泽再到热带的森林，总共发现了31000种兰科植物，它们生长于陆地或是空中。这些植物已然进化到能用咖啡因麻醉传粉者，它们通过伸出触角抛射花粉，使传粉者变得晕晕乎乎，从而来给花传粉——或者将传粉者的活动范围限制在花蕊内，直到它们不知不觉地完成授粉过程。兰科家族与一种蛾子共同进化出了花的结构，这种蛾子的喙有20厘米长，它们与一种真菌共生，并且能够在地下生存多年。

另一个与兰花密切相关的物种是智人（人类）。兰花家族多样化的美丽、神秘和实用价值，让人类受惠，它们在园艺领域被突破界限地加以种植，人类花费了数十亿英镑来获取它们。兰花贸易的焦点主要集中在三种重要特性上：美丽、药用特性和芳香。

野生的香荚兰起源地是墨西哥，阿兹特克的统治者蒙特苏马将小小的、香香的香荚兰种子添加到可可里。没过多久，在其野生家园之外，这种不起眼的兰花增强风味和芳香的能力得到认可，马达加斯加、留尼汪岛和毛里求斯的香荚兰种植园建立了世界上最具价值的农业产业。

兰花具有悠久的药用历史，尤其是在中国、小亚细亚和中东地区。一种叫作兰茎粉的茶是由兰花属的块茎制成，从土耳其到沙特阿拉伯都有人喝这种茶来缓解消化问题。有人将石斛属石斛兰的提取物用于缓解糖尿病，白芨的提取物用于治疗出血。这些传统用途的功效的研究正在进行中，但从白芨中分离出的化合物已被证明是有效的凝血药。

观赏兰花是一种重要的全球商品。从1996年到2015年，有11亿兰花活株、3100万千克的鲜

左图：
巨瓣兜兰，阿方斯·古森斯绘制，摘自阿尔弗雷德·科尼奥，《兰花图谱词典》，1896—1907年。

对页图：
巨瓣兜兰，摘自让·朱尔斯·林登，卢西恩·林登，埃米尔·罗迪加斯，林德尼亚，《兰花图谱词典》，1885—1906年。

切花进入市场进行交易。野生植物贸易受到《濒危野生动植物种国际贸易公约》（CITES）的严格监管，世界上买卖的大多数兰花都是经过人工栽培的。兰花市场价值如此之高，有些珍稀兰花、兰花新品，总是有地下违规交易的风险，非法兰花贸易正将一些物种推向灭绝的边缘。

巨瓣兜兰，有时被称为拖鞋兰，分布在印度、东南亚、中国、新几内亚和所罗门群岛。它的花朵精巧复杂，花的下唇部分像一只优雅的拖鞋。这个结构的进化目的也是优雅的，便于将传粉昆虫临时困住，并让它们完成授粉。这种进化优势给巨瓣兜兰带来美丽，也导致人类对其肆无忌惮地疯狂采挖，现在已有好几个品种的生存受到了威胁。

巨瓣兜兰对栖息地有严格要求，偏爱森林石灰岩的裂缝和缝隙，前提是它们富含合适的有机质，并有持续的水分。该物种分布在中国西南部、缅甸和泰国西北部，其野外生存受到严重威胁，在《世界自然保护联盟（IUCN）濒危物种红色名录》中被列为“濒危”物种，有记录的野生植物只有 1000 多株。被称为“巢中蛋（the egg in-the-nest）”的兰花，有着带斑点的叶子组成的低低的莲座丛，其上长着奇特形状的花朵，花瓣带有斑纹，形状非常独特，非法采挖者经常在野外对其进行掠夺式的采挖。这是一个令人沮丧的短视的经济现象。虽然从野生植物获得提取物，进入黑市买卖，是赚钱最快的途径，但这种方法错失了负责任地探索野生种群的遗传丰富性，用以培育新品种的机会。

巨瓣兜兰极其严格的生态位要求使其天生就容易受到气候变化或周围土地管理变化的影响。至少要消除一种压力，才能让这个物种有生存的机会。

任何购买兰花的人都有责任询问它来自哪里。一些知名的网络平台公然开列非法采集的兰花售卖，这直接违反了《濒危野生动植物种国际贸易公约》（CITES），通过这种渠道购买兰花将危及该物种的野外生存。

寻求兰花合法繁殖的明确、可追溯的证据，是保护这一非凡植物家族小小的却是有效的一步。

下图：
巨瓣兜兰，摘自让·朱尔斯·林登，卢西恩·林登和埃米尔·罗迪加斯，林德尼亚，《兰花图谱词典》，1885—1906 年。

1884年8月6日，泰国曼谷皇家暹罗博物馆亨利·阿拉巴斯特写给邱园园长约瑟夫·道尔顿·胡克爵士的信。

阿拉巴斯特是英国外交官和泰国国王的皇家顾问，同时也是皇家暹罗博物馆和花园的负责人。他写信告知胡克，他寄去了一个沃德箱（气密玻璃箱），里面装着几种不同的植物，包括他在当地发现的各种兰花。1884年8月8日，写完这封信三天后，他去世了。

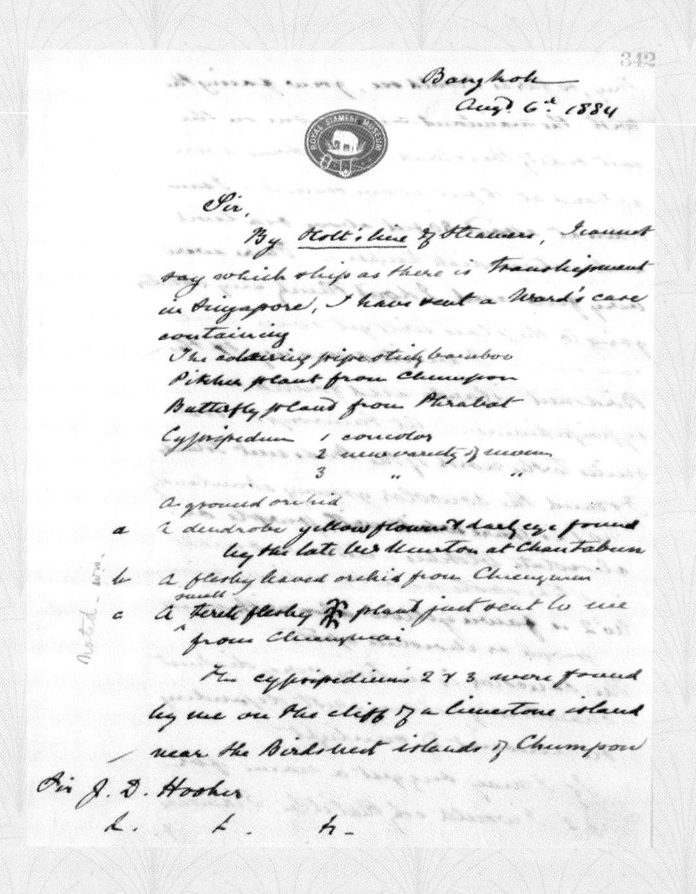

342

Bangkok
Aug 6th 1884

ROYAL SIAMESE MUSEUM

Sir,

By Holt's line of Steamers, I cannot say which ships as there is transhipment in Singapore, I have sent a Ward's case containing

The climbing pipe stick bamboo
Pitcher plant from Chumpon
Butterfly orchid from Phrabat
Cypripedium 1 concolor
2 new variety of niveum
3 " "

A ground orchid
a A dendrobe yellow flowered leaf eye found by the late Mr Munton at Chantabun
b A fleshy leaved orchid from Chiengmai
c A small terete fleshy plant just sent to me from Chiengmai

The cypripediums 2 & 3 were found by me on the cliff of a limestone island near the Birdsnest islands of Chumpon

Sir J. D. Hooker
K. C. S. I.

They, so far as I could see, grew facing the west - the mainland - and none on the east side of the island. Some were gathered at 15 feet above sea level - I saw others at about 80 feet above sea level and intermediate heights -. There were very few and I don't think any collector going to the place will get even one case full. I visited many of the Birdsnest islands and found no cypripediums. At Samroyot 100 miles to the north of the Birds nest Islands I found the concolor growing abundantly.

No 1 is pure white with purple or chocolate blotches - otherwise small dust like spots as in the ordinary niveum
No 2 is fawn yellow ~~also~~ with small purple or chocolate spots.
The concolor is in two very distinct characters of yellow - not depending on amount of sunlight.

If I may suggest a name for No 2 I would say that it be Siamense
I

343

I should have liked them to be named after the King and Queen, Chulalonkorn and Sawang, but I fear you may think those names ill sounding to European ears - All this is for you to decide.

I am sorry again to have failed in obtaining Gum Benjamin plants. Some were sent for me but never reached Bangkok, and now the survey party has been attacked by fever, several including one European have died, and all are in retreat. I shall have the honour of writing again about this when Mr McCarthy the head surveyor reaches Bangkok.

I have the honour to be
With very high respect
Your very faithful servt
H Alabaster
Director Royal Garden

32

西班牙悬铃木 / *Platanus × hispanica*

西班牙悬铃木高大细长，坚韧不拔，为严苛的城市环境所“塑造”。这里“塑造”一词用得很恰当，因为西班牙悬铃木从未在野外生存过。西班牙悬铃木是三球悬铃木和一球悬铃木跨大西洋联姻的产物。17 世纪著名的植物收藏家小约翰·特拉森在花园中识别出了这两个物种，之后西班牙悬铃木就诞生了。

西班牙悬铃木有几个学名，植物学上称之为同物异名，你可能看到它还被称为二球悬铃木、西班牙悬铃木、刚毛柽柳等。这种树很漂亮，比例匀称，枝条不会太过于稠密，树皮是一块块银色和灰色相拼的几何形状。暮春时分，它那又大又光滑的枫叶状叶子会长出毛茸茸的种子头。西班牙悬铃木耐枝条修剪，因此催生了一种艺术的树木栽培形式：把树木的树冠进行巧妙的修剪，修得像长颈鹿头上的角一样，若隐若现于城区各种丰富的景观中。

小约翰·特拉森永远也不会想到西班牙悬铃木会变成伟大的城市超级英雄。城市树木同时遭受窒息和脱水的双重压力，这是城市景观树生存的残酷事实。这些树通常生长在贫瘠的土壤中，周围有坚硬的地面和辐射的热量，它们生长受限的根部经常受到干扰。这种情形下，任何一棵城市树都能在第一年存活下来，这已然很了不起了，更不用说长成参天大树并发挥作用了。城市文明的进展发展了更加宜人的环境，透水铺路材料、精心安排的土壤给树木的根系提供了更宽敞的生长区域，但是高温、污染和干扰的威胁仍然存在。

西班牙悬铃木不仅能在如此充满挑战的环境中生存下来，它实际上还为它们的城市同伴，居于城中的人类和动物带来益处。这种杂交树种是植物史上的一种奇迹，它们是非常有效的污染过

对页图：
三球悬铃木，约翰·希索普绘制，《希腊植物志》，1840 年。

上图：
三球悬铃木，马克·凯茨比绘制，《卡罗来纳、佛罗里达和巴哈马群岛的自然史》，1754 年。

左图：

三球悬铃木，奥古斯特·法格绘制，摘自路易斯·菲格尔，《植物世界》，1867年。

上图：

三球悬铃木的植物标本，H. 林德伯格于1939年收集于塞浦路斯，展示在英国皇家植物园邱园。

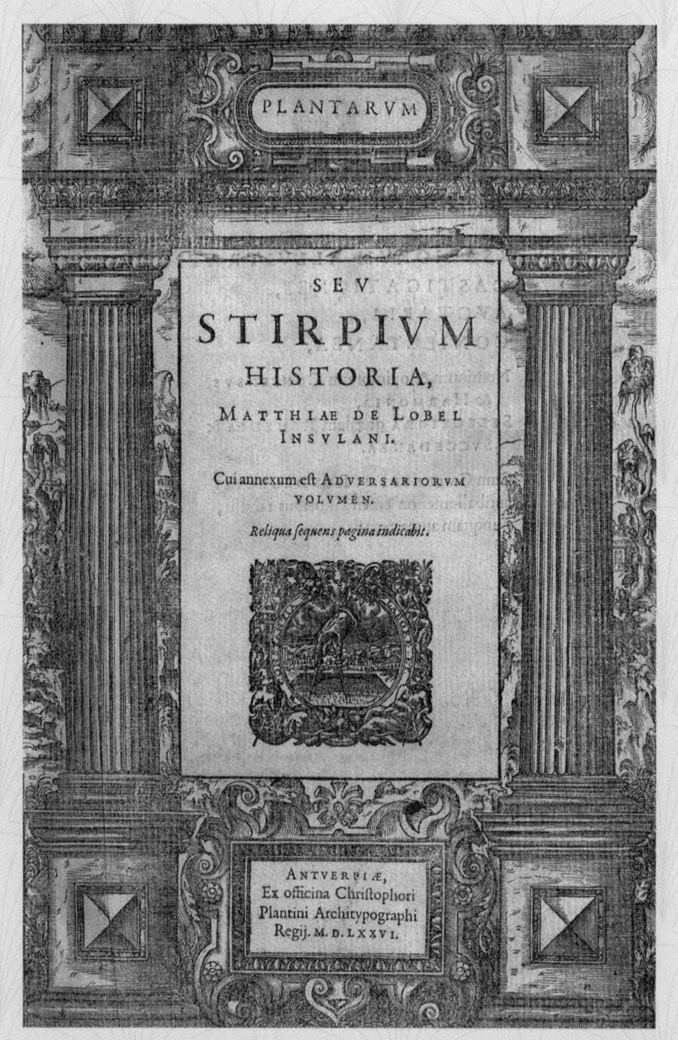

PLANTARVM

SEV

STIRPIVM

HISTORIA,

MATTHIAE DE LOBEL

INSVLANI.

Cui annexum est ADVERSARIORVM VOLVMEN.

Reliqua sequens pagina indicabit.

ANTVERPIÆ,

Ex officina Christophori

Plantini Architypographi

Regij. M.D.LXXVI.

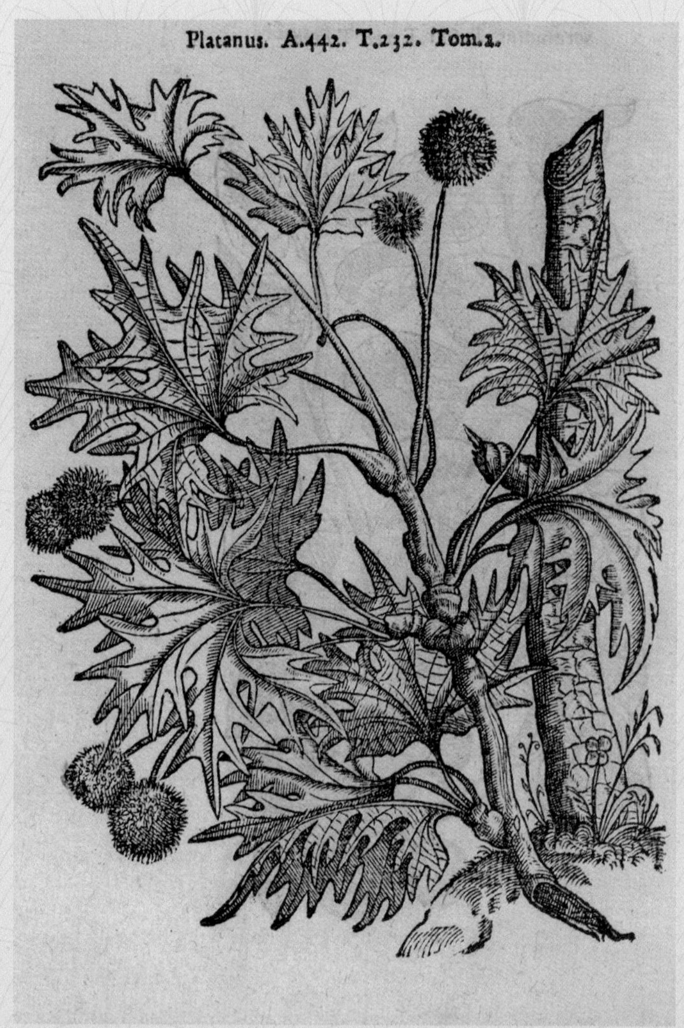

扉页和三球悬铃木插图页，马蒂亚斯 · 欧贝尔绘制，摘自《植物图鉴》，1576 年。

该书索引有拉丁语、荷兰语、德语、法语、意大利语、西班牙语、葡萄牙语和英语。

左图：
三球悬铃木，玛丽·安妮·斯特宾绘制，1897年。邱园收藏馆收藏。

滤器，为城市净化空气做出了贡献，清洁的城市空气是21世纪最宝贵的公共产品。西班牙悬铃木通过树叶吸收大气污染，尤其是大气中的颗粒物，再通过脱落的树皮将污染物沉积下来。在种满西班牙悬铃木的公园穿行，是城市行人最健康的选择。

西班牙悬铃木的全球种群在基因上是相同的，其繁殖是通过植物扦插或嫁接的方法克隆出新的样本来进行。这种繁殖千篇一律，再加上在具有压力的紧张环境中要茁壮成长的挑战，使得西班牙悬铃木很容易受到新的威胁，尤其是新的病虫害。连接全球的经济正在以前所未有的速度传播病虫害。甲虫、飞蛾、真菌和细菌借助进口建筑材料或植物穿越大陆，成为最不受欢迎的来客，它们会找到新的宿主——那些完全不能适应它们带来的新危险的物种。

没有一个物种是孤立存在的，我们的本土树木与各种本土威胁以及外来物种共存，并在这些威胁中生存下来。与这些已知威胁的共同进化引发了一系列的防御措施：生产拮抗化学物质，如挥发性的有机化合物，以阻止病虫害攻击；隔离真菌入侵感染，以阻止它们的扩散。新的害虫和疾病不会携带同样的特征来引发树木采取防御措施，或者它们会在树木变得难以忍受之前袭击这些树木。由于缺乏捕食者来控制新病虫害物种的数量，导致了它们的数量激增。

西班牙悬铃木也不能幸免于这种灾害，世界各地的这种树木都遭受着新病害的袭击。麻萨病使树枝掉落；长喙壳属真菌感染重要的负责运输植物水分的木质部组织，造成严重的萎蔫和死亡；叶羽菌引起植物白腐，消化树的结构木质素；寄生菌会引起溃烂，导致树枝断裂，将树一分为二。西班牙悬铃木基因的千篇一律意味着其几乎没有什么遗传变异，所以一种病虫害能够在基因相同的树木中造成同样的破坏。法国米迪运河旁标志性的西班牙悬铃木正以惊人的速度感染角胞菌：自21世纪初这种疾病肆虐以来，已有超过1.5万棵树被砍伐。

街道树木是构成城市景观不可或缺的元素，要正确认识这些树木的存在价值，进行恰当的投资对它们的生存给以支持。保持构成风景的树木种类和基因多种多样，让它们在高质量的条件下生长，再加上后期的护理，使这些树木不仅能够存活，而且能够茁壮成长，这是对城市健康的重要贡献。

33

欧白头翁 / *Pulsatilla vulgaris*

欧白头翁在每年转瞬即逝的开花日子里，都以其柔弱的美丽姿态吸引着人们的注意。在急速变长的春夜里，它那半透明的花瓣在一团羽毛般的白霜叶子之上闪闪发光。这一引人注目的物种是一种微妙的超级明星植物。

欧白头翁是毛茛科植物的一种，花朵呈简单开放的结构，花中心是金黄色的雄蕊，花瓣是迷人的深粉色或紫色，花朵表面有如天鹅绒一般。欧白头翁种子的头和花朵一样具有观赏性，就像海中摇曳的海葵，在阳光下显得格外艳丽和别致。传统上认为欧白头翁的开花日与耶稣受难日有关联（“pasque”一词来源于“paschal”，意思是复活节），不管《儒略历》如何变化，它都在4月中旬开花。

欧白头翁在整个欧洲有着不寻常的分散分布，从斯堪的纳维亚半岛的北部到英国的一小块地方，再到法国、瑞士、罗马尼亚、波兰和斯洛伐克的一些精心挑选的地方。它对栖息地的要求非常精确。

它在野外热爱白垩地质的干燥草地，其主要的种群分布地都在罗马人和维京人活动的历史遗迹周边，与英国的古代历史有着奇妙的联系。可以想见，这种联系催生了一个传说，说欧白头翁是维京战士的鲜血孕育而来，但现实情况则平淡无奇得多。

这些古遗址的原生态特性，为像欧白头翁这样生长缓慢的植物提供了它们所需要的稳定条件。这些优雅的种子头产出的可存活种子极少，因此大量的野生白花说明它们在这些地方拥有一个稳定的、长期的栖息地。

在栽培过程中，园艺师对欧白头翁一直遵循其精细的特性加以培植。为了确保严格的pH值，

上图：
白头翁，乔治·克里斯蒂安·奥德绘制，《丹麦植物志》，1761—1883年。

对页图：
白头翁，爱德华·汉密尔顿绘制，《药用植物》，1852年。

园艺师对其进行了精确的生长介质控制，建造了完美的排水系统和良好的通风系统，运用高山植物园的艺术复制了其野外的生长环境，从而得以向岩石花园的游客们展示欣欣向荣的欧白头翁。

然而，近来的园艺趋势为这种花创造了一个新的身份角色。作为生长于设计复杂的植物群落（“生态园艺”）中的一个组成部分，欧白头翁摆脱了其脆弱的名声，变成了一个充满活力的

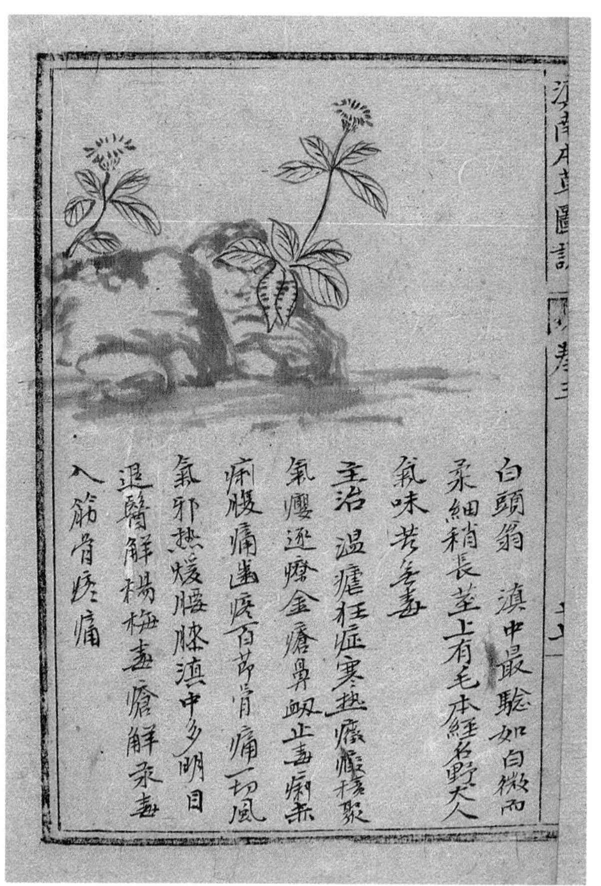

大玩家。它会先在草丛中形成牢固的莲座，然后开出花丛。在新环境中，它显然有能力在地上和地下都找到适合自己的位置，并与新邻居们和谐共处。

欧白头翁的美丽并没有给它带来好运，它精准的生态要求也没能使它在迅速变化的世界中完好生存。其在欧洲的种群分布在20世纪就已显著下降，如今世界自然保护联盟（IUCN）将其归为“近危”物种。

低强度的牧羊使得庄稼密集、草地营养贫乏，持续紧张的环境阻止了有竞争力的植物吞并其他植物，为欧白头翁创造了一个理想的生态位。白垩草地的植物群落处于停滞演替的状态。

没有放牧带来的压力和干扰，灌木丛恢复生长，进而长成林地。具有讽刺意味的是，人类几千年来的放牧，在推动生物多样性变化的同时，在某些情况下却也成为破坏性的力量——将山羊引入到一个富有地方性植物的岛屿上，可能会导致某些物种灭绝；而在物种丰富的草原上，精心管理的牛群和羊群，则能够为许多物种创造平等的生长环境。

欧白头翁物种的恢复计划，需要认识到白垩草地植物的复杂需求，保持“恰到好处”的放牧水平，以维护栖息地的良好状态。

人类应该对自然进行干预吗？野生化的概念，有时会被误解为人类只需简单地从风景中走开，任大自然中的生物自生自灭。从石南丛到白垩草地，英国许多生物多样性最丰富的景观，都是在人类的管理下发展起来的。这些景观支撑着大量的动物群，而这些多样、复杂的栖息地的命运就掌握在人类手中。

对页图：
欧白头翁，迪特里奇·莱昂哈德·奥斯坎普绘制，《荷兰作者绘制的药用植物图像》，1800年。

上左图：
欧白头翁，摘自约翰·柯蒂斯，《英国昆虫学》，1823—1840年。

上右图：
白头翁根部的明代草本画，摘自明代兰茂撰《滇南本草图说》（《云南药典画册》），大约13—14世纪。韦尔科姆收藏馆收藏。

XXI, 5.
34. Cupuliferae.
A
2
5
4
7
3a
3 b
1
6
B
W.MÜLLER, GERA.
161. Quercus pedunculata Ehrhart. Stieleiche.

夏栎 / *Quercus robur*

英国历史上的海军是建立在橡树的坚韧和耐用之上的。在伊丽莎白时代，橡树被大量种植，以确保未来几代人都有足够的造船材料。这种木材的特定纹理和其丰富的单宁含量，具有巨大的价值，除了海事用途之外，几个世纪以来它还被用作建筑材料。

夏栎不仅仅为人类建造了可靠的家园，它还是英国最好客的树：它那龟裂的树皮和常见的浅裂的叶子，为数百种无脊椎动物、鸟类、哺乳动物、真菌和植物提供了栖息之地。

成熟的夏栎在英国景观中是比较容易辨认的，它们有着短短的树干和扇形的树冠，随着树龄的增长而变得越来越引人注目。在林地中，它们为榛树、冬青、银莲花和蕨类植物等下属植被提供生产的机会，与同为顶极树种的山毛榉形成鲜明的对比。山毛榉是通过一种被称为化感作用的竞争机制，营造出一片空旷的林地。在田野和公园中，夏栎就像哨兵一样，有着吸引眼球的标志性轮廓。

夏栎的寿命可以很长，例如林肯郡的鲍索普夏栎，据估计已经有 1000 多年的历史了。有句古老的乡村谚语把夏栎描述为“活三百年，静三百年，衰三百年”，老树则呈现出一种不同寻常的形态：浓密、树干中空、裂隙丛生，生机盎然的小枝点缀在粗短的枝干上。

英国有两种野生夏栎：一种是长在低地的有柄栎树，主要生长在英格兰南部；另一种是长在高地尤其是沼泽地的无梗花栎，它们在那里成了干枯的、风干的标本。

夏栎的长寿和力量激发了从宙斯到英国全国托管协会（负责管理并保护英格兰、威尔士及北爱尔兰的历史遗迹或自然景观）的无数神话、象征和寓言。古老的英国夏栎常与巨人（高格和玛格）、英国内战（据称几棵夏栎隐藏了查尔斯一世）和罗宾汉联系在一起。

对页图：
夏栎（又名英国栎），摘自奥托·威廉·托梅，《德国植物志》，1886—1889 年。

上图：
夏栎，伊丽莎白·布莱克威尔，《布莱克威尔植物标本集》，1765 年。

对页图：

夏栎，迪特里希 · 莱昂哈德 · 奥斯坎普绘制，《荷兰作者绘制的药用植物图像》，1800 年。

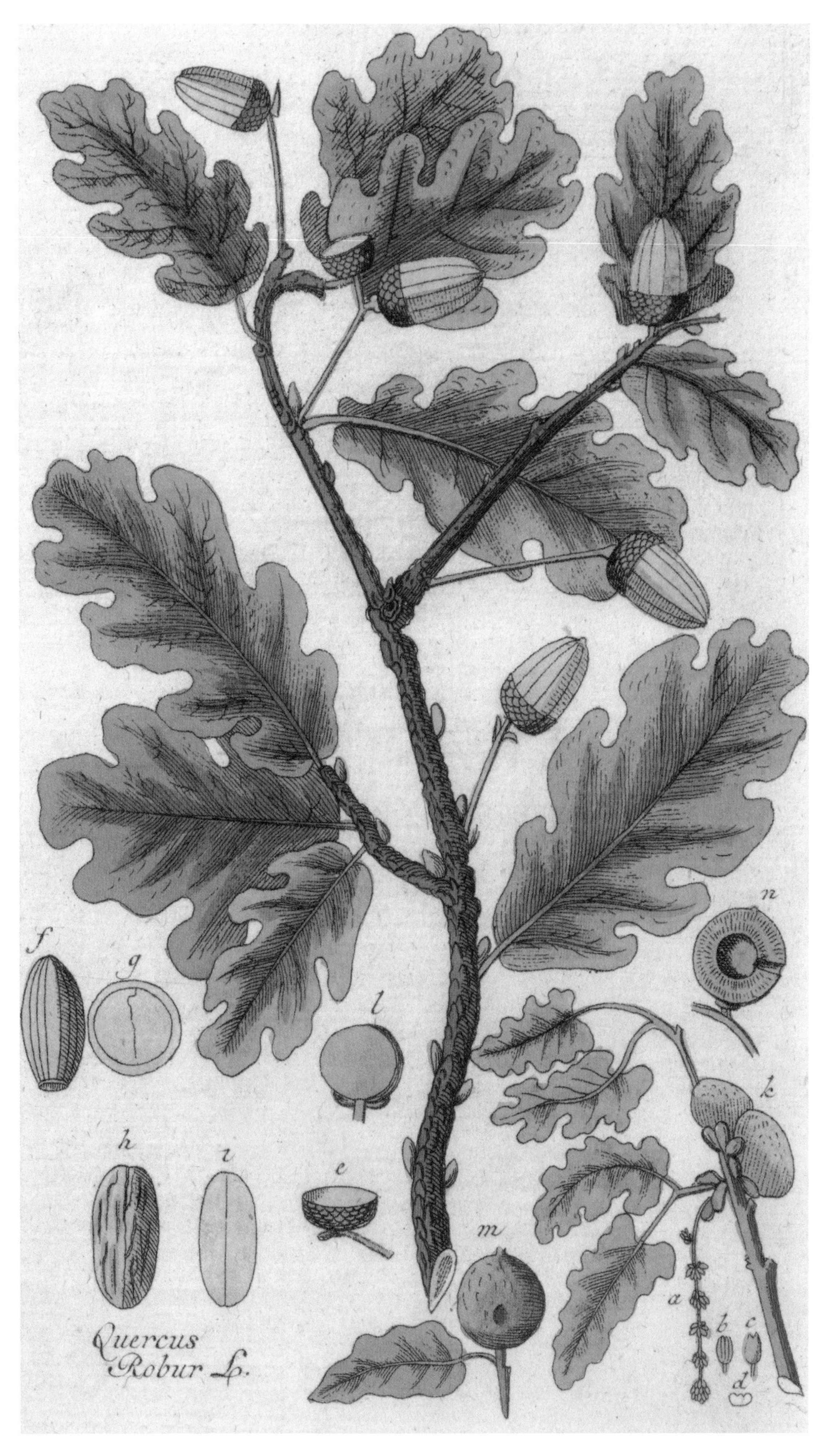
Quercus
Robur L.
a
b
c
d
e
f
g
h
i
k
l
m
n

上图：
夏栎亚种栎树，英国栎，潘克瑞斯·贝萨绘制，H.L.迪阿梅尔·杜·蒙索，《树和灌木的治疗》，1819年。

对页图：
夏栎（又名欧洲白栎），摘自《花园》，1873年。这篇文章描述了法国阿卢维尔－贝尔福斯的夏栎教堂，据说有1000年的历史，里面有两个小教堂，一个在另一个的上面。

在欧洲，英国历史上的海军力量是建立在夏栎的强劲和坚韧之上的，这种树在伊丽莎白时代被大量种植，以保证未来几代人造船都有材料。

这种木材，以其特定的纹理和丰富的单宁含量，具有超出其海事应用的巨大价值，支撑了几个世纪的建筑。

除了特殊木材的价值之外，夏栎富含单宁的树皮还可以用来鞣制皮革，而富含橡子的食物可以养肥西班牙著名的伊比利亚猪，然后再把它制成昂贵的火腿。虽然螺旋瓶盖和塑料塞子越来越受欢迎，但一些顶级的葡萄酒仍然是用软木栎树的海绵状树皮来做瓶塞。

夏栎的长寿源于它天生具有的一系列生存策略。随着树木生长变老，夏栎的树冠逐渐减少，从而减少了树木对资源的需求。清理掉树木的腐烂部分，可以隔离病菌，以减少其扩散——要知道许多真菌病原体可以与树木共存数个世纪。尽管有这些恢复策略，即使是夏栎也无法承受全球植物威胁日益加剧的压力。看到一个生命力如此旺盛的物种在我们的城市、城镇、乡村和林地中迅速衰落，令人深感不安。

夏栎正遭遇一系列的害虫、疾病和环境压力。夏栎急剧衰退的原因仍在研究之中，但据说是蛀木甲虫传播了新的细菌，这种细菌无惧夏栎的天然抵抗力。结果很是令人沮丧：树木病变，茎干流胶、树况迅速变糟，感染后5年即会死亡。同样令人担忧的是夏栎慢性梢枯病的复杂状况，据说它是由一系列问题引起的，包括土壤积水、病原体、气候变化和污染。

一种从南欧输入的栎列队蛾的幼虫可以迅速破坏成熟树木的树冠，降低夏栎的活力，破坏树木的长期健康。在英国，栎列队蛾目前被困在环绕伦敦的M25高速公路以内，但它的进一步蔓延只是个时间问题；英国乡村强大的夏栎还能承受再一次的威胁吗？ 我们希望在我们的帮助下，宏伟的夏栎将为后代带来神话，提供庇护。

Elder, planted freely. As cover in woods and plantations, where little else would live, keepers used, in winter, to dibble in cuttings of Elder in all bare, naked places, being well aware of its utility as a plant for "thickening up." Lastly, the Elder makes a good plant for filling up gaps in hedges, especially where they pass under trees, and for boundary fences, where nothing else will grow. It will preserve the continuity of a hedge right up to the trunks or stems of even Beech and Horse Chestnut.—THOS. WILLIAMS, *Bath Lodge, Ormskirk.*

THE CHAPEL-OAK OF ALLOUVILLE (PAYS DE CAUX).

THIS very remarkable tree is a specimen of the common Oak (Quercus pedunculata), which is believed to be about 1000 years old, and is the object of a considerable amount of veneration to the inhabitants of the district, from the circumstance that its hollow truuk has long been used as a chapel. Properly speaking, it contains two chapels, one above the other, access to the upper one being obtained by means of a spiral staircase on the outside, as shown in the illustration. Over the entrance into the lower chapel is the following inscription: "A Notre-Dame-de-la-Paix, érigée par M. l'abbé du Detroit, en 1696."

The Chapel-Oak of Allouville.

The tree is now about 50 feet high, its top having been broken by the wind, or cut off, at some remote period, and in its place a sort of bell-tower has been erected, the top of which is about on a level with the highest branches. The lower part of the trunk is more than 11 feet in diameter. The bark, which is of a corky nature and deeply fissured, is upwards of 4 inches in thickness. Although so very old and hollow, the tree still exhibits a vigorous growth, its huge branches, which extend over an area of 2478 square yards, being annually covered with an abundant foliage, and usually bearing a large quantity of acorns. The extraordinary age of this venerable tree renders it impossible to obtain any particulars of its early history. Local tradition, however states that the district was formerly covered by a natural Oak forest, of which the Chapel-Oak of Allouville is now the sole survivor.

THE INDOOR GARDEN.

CHINESE PRIMROSES.

THE Chinese Primroses range in colour from the deepest purple to the purest white. They are improving so fast that it is impossible to specify size with exactness. The largest sort would perhaps cover a crown-piece; they are fringed, serrated, marbled, and ringed, in the most various and beautiful manner; stem after stem, heavily crowned with masses of flowers, rises boldly and to a goodly stature out of their hearts—crowns of glory supported by the beautifully-formed fern-shaped or other leaves. There are double varieties of purest white to purple, with many intermediate shades, forms, and sizes. These are more lasting and useful, though not more beautiful, than the single varieties; but they are invaluable for cutting for vase or bouquet work, which the single ones are not, the flower soon separating from its green calyx when cut. The double will stand a week, a fortnight, three weeks, or more in water, fresh and sound as at first; and for bouquets, the Double White rivals in usefulness the Camellia, Stephanotis, or Gardenia. Scarcely any plants can be easier grown than these Primroses. Properly treated, their natural season of flowering may be said to be from November to April. The sun, so essential to most flowers, may be said to be unfavourable to these; as he gains strength they, unless shaded, lose beauty and freshness. But in winter and early spring they glow with a beauty, shine with a brilliancy and purity of colouring, almost unequalled. All the single varieties are best treated as annuals. After flowering, throw the plants away. Seed saving needs special skill in selection and management, and the amateur or lady gardener, unless an enthusiast, had better not attempt it. Any respectable nurseryman or florist will supply good seeds. Sow in light soil—peat or loam with a fourth part of sand—in February or March; cover the seed with an eighth of an inch of soil, and keep it rather dry until it begins to grow. As soon as the plants can be handled, prick them out, about six round

35

非洲紫罗兰 / *Streptocarpus ionanthus*

非洲紫罗兰开启了人类与植物之间许多终身的关系。如今，在世界各地的花园中心、超市和市场货摊上都能买到各种颜色诱人的紫罗兰花，它有着紫色脉纹的叶子，紧凑的玫瑰花般的花型，很容易开花，是非常受欢迎的室内植物。尽管这种植物很容易获得，但它并不是最容易家养的花，需要定期浇水、保持一定的湿度和保证充足的散射阳光。

尽管非洲紫罗兰已有大量家养，但其精确的环境要求则来源于肯尼亚和坦桑尼亚沿海的神圣森林——它的野生起源地。在原始森林未受干扰的生长环境中，它有精确的生态位：露出地面的石灰岩岩石，穿过树冠的散射光线。

这种植物最初被命名为非洲堇，音圣保利亚，指沃尔特·冯·圣保罗－伊莱尔男爵，坦噶尼喀（现为坦桑尼亚的一个地区）的一位殖民统治者，是他在19世纪末发现了这种植物。随着最近分类学工作的进展，非洲堇属现在已经被纳入到旋果花属。在坦桑尼亚和肯尼亚，还发现了其他几个与非洲紫罗兰有密切关系的物种，包括难以捉摸、为肯尼亚南部方达山其中地区所特有的旋果花属植物。

直到20世纪80年代，人们都还是通过形态学或物理外观来识别植物，并用手动透镜和显微镜来辨别物种之间的细微差别。

随着DNA测序的出现，分类学或分类科学发生了翻天覆地的变化。

随后一场变革到来。通过分析和比较不同物种之间的DNA序列，可以通过崭新的视角对生命之树进行分析。植物分类的结构因为植物目、科、属和种的分裂、合并和聚集形成新的关系而被打乱。非洲堇就是分子测序所产生的迷人变化的一

左图：
非洲紫罗兰，爱德华·雷格尔绘制，摘自《植物志》，1893年。

对页图：
非洲紫罗兰，玛蒂尔达·史密斯绘制，摘自《柯蒂斯植物学杂志》，1895年。

对页图：

非洲紫罗兰，摘自《园艺杂志》，1902年。

右图：

非洲紫罗兰植物标本，采集于1894年，展示于英国皇家植物园邱园。

个有趣例子，现在，它的正确名称是非洲紫罗兰。非洲紫罗兰对环境有很强的适应性，以一种被称为“可塑性”的特性表现出一系列的物理形态。DNA 测序现在已经揭示了这种植物的 8 个亚种，我们最初本认为这是一个可变物种。新的分类并不意味着胜利，因为随之而来的是，人们意识到这种植物是在零散地生长，其种群数量大大减少，在《世界自然保护联盟（IUCN）濒危物种红色名录》上，被列为“濒危”物种。

非洲紫罗兰盆栽产业数百万美元的营业额、推动森林砍伐的经济力量与随之而来的其野生祖先的衰落之间，存在惊人的脱节。创造出这一最令人向往的盆栽花装饰品的遗传资源是从坦桑尼亚或肯尼亚的本土获取的，但没有人为此付费，也不需要授权，因此这两个国家并没有从这种丰产的作物中取得任何经济利益。

《生物多样性公约》催生了《获取和利益共享协议》，有时称为《名古屋议定书》，以确保拥有丰富遗传资源的国家能够分享基因资源货币化带来的全部收益。这一框架推动了英国皇家植物园邱园在海外的保护工作，包括非洲协调员蒂姆·皮尔斯在内的科学家围绕合作国家的利益制订了新的项目。它将植物园的工作重点从获取转向供给，在国内创建种子库银行，在生物多样性的分类和保护方面支持区域合作伙伴。

上图：
旋果苣插图，载于《植物图鉴》，1854 年。

对页图：
南非花卉和蛇头毛毛虫，玛丽安娜·诺斯绘制，1882 年。

36

马达加斯加“自杀棕榈”/ *Tahina spectabilis*

马达加斯加是生物多样性的一个热点地区，是全球八个独特的地方特有物种中心之一。该岛是世界第四大岛，岛屿面积超过58.7万平方千米，有超过1.2万种记录在案的植物，令人震惊的是其中89%是当地特有的。岛上动物的多样性更加引人注目，马达加斯加岛上98%的两栖动物、爬行动物和哺乳动物都是其所独有的，包括标志性的狐猴。

许多因素造就了这个非凡岛屿上丰富的动植物种类。岛屿与邻近大陆约8800万年的长期隔离，为物种的形成提供了充足的时间。

最早构成这个岛上的动植物祖先们的多样性也很重要。马达加斯加岛的形成始于古代冈瓦纳超大陆的中心。随着冈瓦纳大陆解体，马达加斯加脱离了后来成为非洲大陆的陆块，与原始印度次大陆相连，在与喜马拉雅山脉碰撞之前又脱离了印度次大陆。这个动植物的大熔炉，被孤零零地留在印度洋中，成为生物多样性的有力起点。

马达加斯加岛是一个具有巨大物理多样性的岛屿，部分是由于其不同的地质起源。岛上有干旱气候、热带气候和温带气候，有山地、刺林和热带雨林，根据气候、海拔、土壤和植被类型的鲜明对比，马达加斯加岛被划分为7个截然不同的生态区。考虑到马达加斯加岛的大小、生物多样性和复杂性，新物种能够有规律地被发现不足为奇。从1999年到2010年，共发现了615个新的植物物种，其中包括一种就藏在人们眼皮底下的新植物。

2006年，当地腰果种植园主泽维尔·梅茨有一次在马达加斯加的图利亚拉半岛散步时，注意到了一种不寻常的植物。虽然他不是专业的植物学家，但他对当地植物相当熟悉，并最终使这一独特的标本得以脱颖而出。

对页图：
马达加斯加“自杀”棕榈，露西·史密斯绘制，2009年。版权归爱德华·特威迪所有。

上图：
米约·罗拉科托利沃于2007年在马达加斯加采集的植物标本样本，展示在英国皇家植物园邱园。

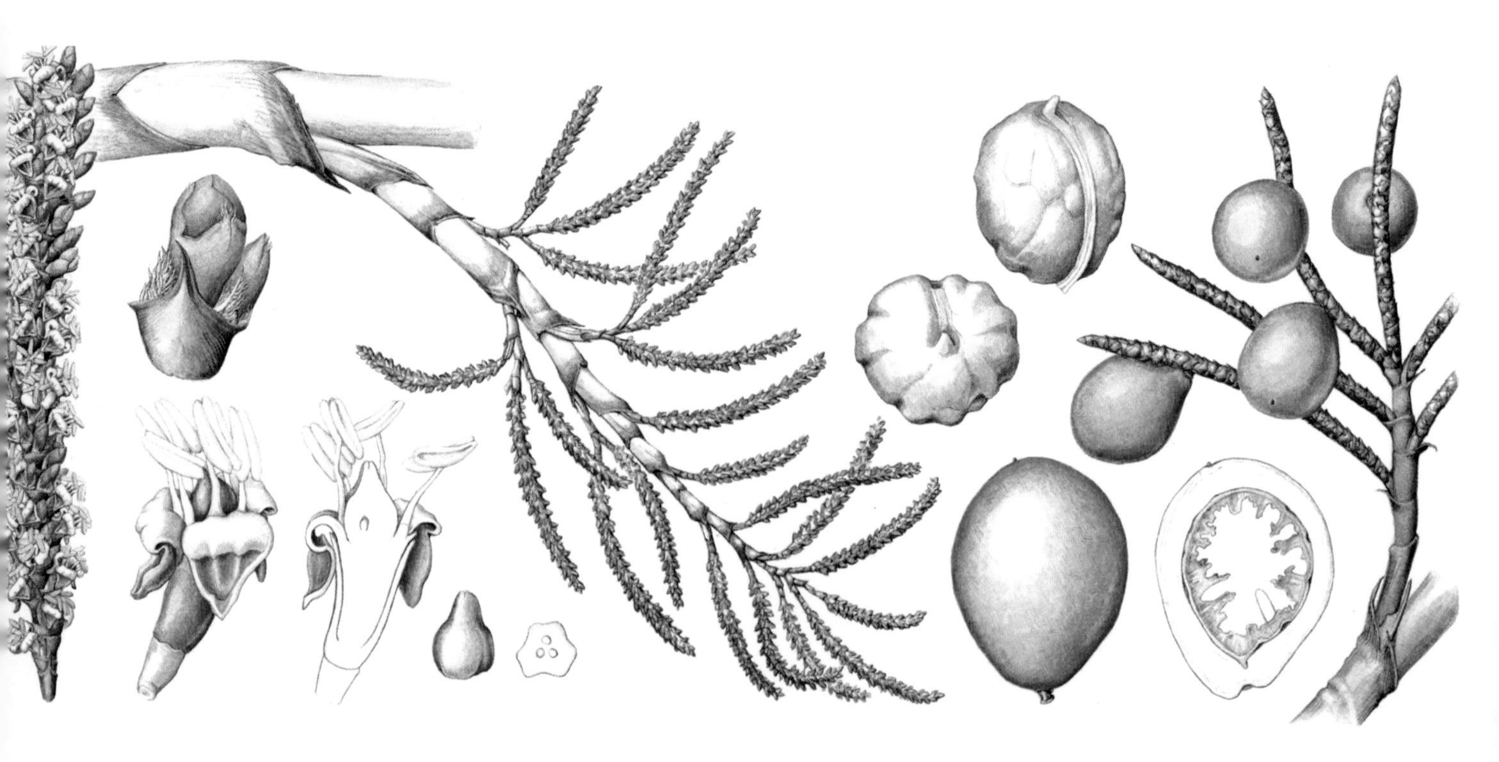

它不仅新颖，而且巨大，是一棵壮观高大的棕榈树。这棵棕榈树的照片被发送到英国皇家植物园邱园全球专门研究棕榈的中心，很快就引起了人们的兴趣：它要么是亚洲贝叶棕属植物的神秘异类，要么是科学界的新发现。他们迅速组织了一次实地考察，收集了 DNA 样本和植物标本，并与“模式”样本进行了比较，证实了这个令人兴奋的假设：这是科学界新发现的一种棕榈。

马达加斯加“自杀棕榈”的名字很贴切。这种棕榈树成熟后高达 18 米，叶子直径可达 5 米，一经发现便成为马达加斯加最大的棕榈树。然而，树木的大小并不是它最显著的特征。每隔 30—50 年，马达加斯加棕榈就会形成一个令人惊叹的金字塔形顶生花序，产生大量的种子，接着整棵树就会死掉，完成其遗传使命。这种现象被称为“植物的单花期现象”，这种棕榈之前没有被识别出来，可能正是因为它这种极其显著的特征，在一代人的时间里没能被发现。

“植物的单花期现象”并不是马达加斯加自杀棕榈独有的特征，在其他棕榈品种和某些竹子中也能看到。竹子开花、播种也会引起生态冲击波。

被当地人称为“毛塔姆”的灾害，意思就是竹子带来的死亡。在印度北部竹子大量开花后，为黑鼠带来丰富的食物，黑鼠开始大量繁殖。随后发生瘟疫，竹籽被吞噬，黑鼠将注意力转向人类的粮食储备，给人类造成了饥荒的威胁。

尽管“植物的单花期现象”并不是马达加斯加棕榈独有的，但这个令人兴奋的发现很快就被狂热的媒体戏剧化地称为“自杀棕榈”。这个新发现引起了人们普遍的想象，并被国际物种勘探研究所（IISE）列为 2008 年十大物种发现——这一年它得到了正式证实。

随着对这一新物种的确认，随之而来的发现是，这种棕榈树几乎没剩下多少棵了。最初，只统计到了 29 棵成年树木标本，使其在《世界自然保护联盟（IUCN）濒危物种红色名录》上被评为“极度濒危”物种。随后对马达加斯加的考察发现了更多的种群，目前仅有 50 个成年标本的记录，这一物种仍然处于濒危的边缘。

精心收获的种子提供了一个规范的繁殖计划，人们将这种自杀棕榈引入到世界各地的植物园中进行栽培，进而形成了重新引入的潜力（尽管是选自一个狭窄的基因库）。在一项准入和利益分享协议的支持下，这一新的园艺贸易产生的商业收入正在回归它所属的植物群落：自杀棕榈生长地的植物群落。

对页图：
马达加斯加“自杀棕榈”，露西·史密斯绘制，2009年。版权归爱德华·特威迪所有。

上图：
马达加斯加“自杀棕榈”的花朵和果实，露西·史密斯绘制，摘自约翰·德兰斯菲尔德等，《棕榈属植物》，2008年。

智利蓝红花 / *Tecophilaea cyanocrocus*

几乎没有什么植物的颜色比得上智利蓝红花般鲜艳。这种紫蓝色，似乎自身就光芒万丈，这美丽的球根植物是一个多世纪以来阿尔卑斯山园丁辛勤耕耘的宝贵收获。这光芒万丈的美丽植物曾被认为早已在野外灭绝，是一件又失去一种物种的令人心痛的事，直到它奇迹般地被重新发现，剧情发生罕见逆转：这一物种并没有消失。

智利蓝红花高10厘米，其娇小的尺寸适合最艰苦的园艺栽培环境——岩石花园。在这个精确的环境中，小巧但引人注目的智利蓝红花因其脆弱的美丽而受到重视，在花期它从后台供应区被转移到展示温室，在花朵凋败之前再从温室返回。花朵如龙胆般的蓝色是智利蓝红花的主要特征，这种蓝色占植株的三分之一，不包括茎基部几片狭窄的绿叶。

智利蓝红花是一种产自智利安第斯山脉的球根植物。它生长在海拔2000到3000米的地方，在林木线以上的石堆中。它奇妙的颜色为原本恶劣的环境增添了迷人的色彩。

园艺师施展本领，使这种来自安第斯高山上的植物在郊区的温室安了家。栽培高山植物能够茁壮成长，一个至关重要的技术不是知道要添加什么，而是知道要拿走什么。这种植物的生理特性是由瘠薄的石质土壤和恶劣的山地气候所塑造的，潮湿的根部或是潮湿的空气都会加速其衰亡。岩石花园或高山温室光线充足、阳光直射，良好的通风得以复制安第斯高山环境，根系周围畅通的排水是智利蓝红花栽培成功的基本要素。

2001年以前写成的高山园艺书籍都指出，智利蓝红花在野外已经灭绝，最早是在20世纪50年代宣布了智利蓝红花的这一状态。这显示那个时代不是那么文明，贸易的发展造成对球茎的过

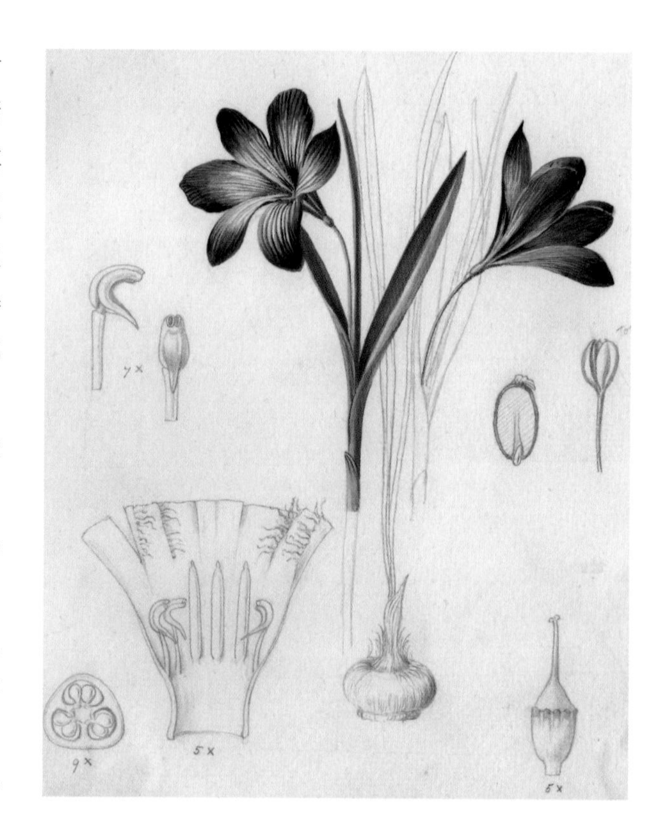

对页图：
智利蓝红花，摘自《园艺杂志》，1900年。

上图：
智利蓝红花，莉莲·斯内林绘制，摘自《柯蒂斯植物学杂志》，1923年。

左图：
智利蓝红花，爱德华·雷格尔绘制，摘自《花园植物》，1872 年。

上图：
智利蓝红花，爱德华·雷格尔绘制，摘自《花园植物》，1853 年。

度采挖，也是导致这一物种野外灭绝的主要原因之一，可这并不总能引起人类的悔悟。市场上出售的许多鳞茎、球茎和块茎都来源于可持续的培育植物，但野生采挖（通常是工业规模的）仍然是个大问题。尽管对于那些正在消除野生物种种群的人来说，这通常是他们的一项重要收入来源，但换来的是受害物种遭受的沉痛损失。

2001 年春，人们在智利首都圣地亚哥附近的一片私人土地上发现了智利蓝红花大量的新种群，打破了智利蓝红花只存在于园艺之中的假设。虽然这是一个令人可喜的发现，但智利蓝红花在 IUCN 野生物种等级从野外灭绝只是调整为稍微好那么一点点的“极度濒危”，仍在红色名录中，表明这种脆弱物种面临的许多威胁仍然存在。这一发现的重要结果是，有了扩大迁地保护标本遗传多样性的机会，和在植物园中（比如邱园）保存植物的标本。

在发现新的野生种群之前，人们对 2001 年以前收集的智利蓝红花标本进行了基因排序，以评估它们重新移植到野外的潜力。结果令人失望，在培育过程中，种群几乎没有表现出多样性。这对可能的重新移植来说是一种重大的打击，意味着种群对未来的威胁几乎没有抵抗的能力。如果没有个体的抗性，遗传变异就会传给后代，新的病原体就会感染并摧毁一个种群。

其他的灭绝物种能在野外重新被发现吗？如今生态学家们有了复杂的远程调查方法，利用无人机或卫星对大片土地进行详细的评估，增加了发现孤立或残存种群的机会。私人土地所有权、人迹罕至的环境，以及一些最具生物多样性最丰富的栖息地的巨大规模，意味着意外发现的机会始终存在。

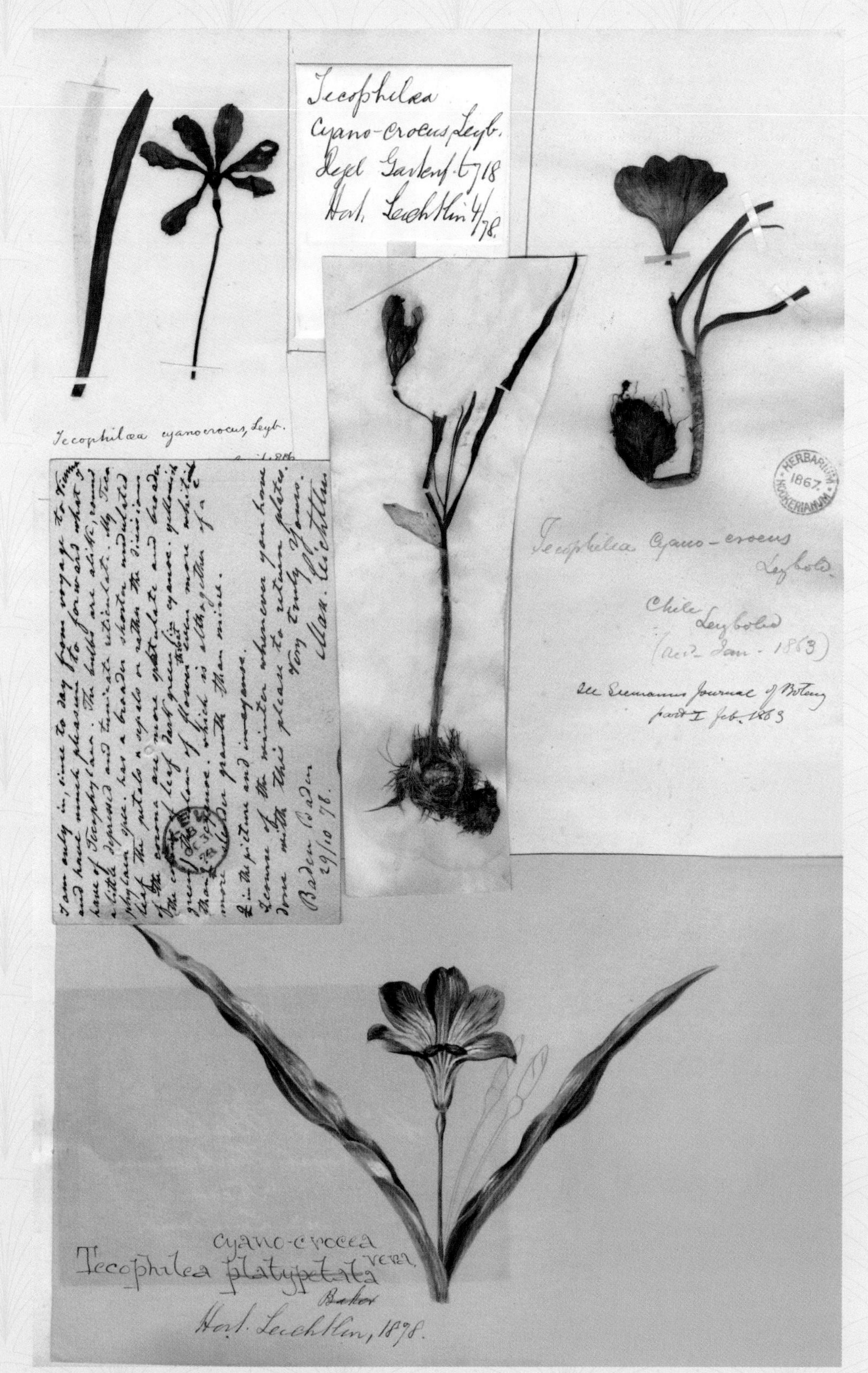

右图：
智利蓝红花标本，莱博尔德于 1863 年收集，展示在英国皇家植物园邱园。

38

圣赫勒拿乌木 / *Trochetiopsis ebenus*

圣赫勒拿岛是一个极为偏远的地方，位于南大西洋，全岛只有 122 平方千米的土地。在其声名狼藉的多风机场于 2016 年开放之前，这片英国的海外领地只能绕道南非的开普敦，需要 10 天的航程才能到达。

当英国人试图将拿破仑和他的帝国野心流放到尽可能远的地方时，圣赫勒拿岛成为了理想的地点：运送他的船在海上足足航行了 12 周。但地理上的隔离却有益于生物多样性的形成。多种因素的影响促成了物种形成（创造出不同的物种），气候、土壤、地形、土地利用和生态的相互作用，能够帮助确定遗传和形态上不同的物种与共同祖先的差异。

圣赫勒拿岛是一个火山岛，地形和环境多样，气候宜人。岛上的动植物在完全孤立的环境中进化了数百万年，形成了大量的当地所特有的物种，即世界上其他地方没有的植物和动物。在圣赫勒拿岛，仅仅 47 平方千米的土地上就有超过 500 种记录在案的独特物种，其中包括 50 种植物。但这座岛屿不再是一片原始的蛮荒之地。岛上生物圈不同寻常的状况真实反映了世界各地生物多样性岛屿所面临的压力，无论它们多么遥远：人口的涌入及其随之而来的外来物种迅速对岛上生物的多样性产生了危害。

16 世纪便有人定居于圣赫勒拿岛了。人们带着放牧的动物、种植的农作物、观赏植物来到这座岛屿，这些都是外来定居者们相熟的伙伴，但却完全打破了圣赫勒拿岛的生态平衡。植物虽然没有进化到合乎食草动物（主要是山羊）的口味，但也不至于难吃到让动物难以下咽。引进植物的

对页图：
圣赫勒拿红杉，西德汉姆 · 提斯特 · 爱德华兹绘制，摘自《柯蒂斯植物学杂志》，1807 年。

下图：
《圣赫勒拿岛之我见》，威廉 · 波切尔，《圣赫勒拿日报》，1806—1810 年。

上图：
乌木标本，威廉·波切尔，19世纪早期，在圣赫勒拿采集，展示在英国皇家植物园邱园。

对页图：
黑黄檀（也称梅蓝属东非黑黄檀），J. N. 菲奇绘制，摘自约翰·查尔斯·梅利斯，《圣赫勒拿岛：物理、历史和地形描述》，1875年。

开创性播种和定植法比岛上原有的聚居植物群的自我繁衍更有效，受到的抑制也更少。这些外来物种开疆扩土，超越本地物种，迅速占领了这个岛屿。

乌木属为圣赫勒拿岛所独有，回顾人们对它的保护状况，简直是令人沮丧。目前已知的三种乌木现状如下：圣赫勒拿乌木，被世界自然保护联盟（IUCN）评为“极度濒危”物种；圣赫勒拿红杉（圣赫勒拿红木），野生的已完全灭绝，仅存活在植物园中；圣赫勒拿黑黄檀（矮乌木），完全灭绝，仅存植物标本。

圣赫勒拿乌木的野生数量不断减少，仅剩下两株，生长在一个崖壁的边缘，被称为“迷人的驴耳朵”。在植物园阴凉的温室里观赏圣赫勒拿乌木，只会使人们从施加给它们的保护措施中徒增失落感。圣赫勒拿乌木瘦长结实、笔直，开着大片怡人的白色花朵，叶子和茎上有着极具质感、毛茸茸的青铜色底部，称之为被毛，是一种漂亮的建筑木材。

值得庆幸的是，园艺栽培可以让两株植物变成许多株：先从这两株幸存树木上剪枝，然后将剪枝分发到世界各地的植物园，慢慢地形成了大量的迁地种群。扦插是增加植物存量的一种有效方法，但得到的标本是其母株的克隆，基因相同，没有任何变异可以抵抗未来它们可能面临的威胁。此时，邱园在种子方面的专业研究显得至关重要。找到新的方法来穿透乌木种子的硬壳，打破其蛰伏状态，采用一种互补的繁殖方法，使得以前的保护工作在保量的基础上又能保质。利用此方法繁殖的圣赫勒拿矮乌木现在正在岛上移植，尽管这一举措的施行，只有在与消除入侵植物和食草动物的计划相结合之下才能见效。

由于人类的移居，圣赫勒拿岛的生态平衡被打破，但简单地让这座岛屿重回“野生化”，并不能恢复人类到来之前该岛的生物多样性和复杂性；生态天平已经倾斜得太厉害了。作为人类，我们有责任保护岛上脆弱的地方性物种，利用科学观察为我们的干预提供信息。

MELHANIA MELANOXYLON.

Finished
Too dark
31. 8.
1809
Finished
Folium seminale

对页图：
圣赫勒拿红木，威廉·波切尔，摘自《圣赫勒拿日报》，1806—1810 年。

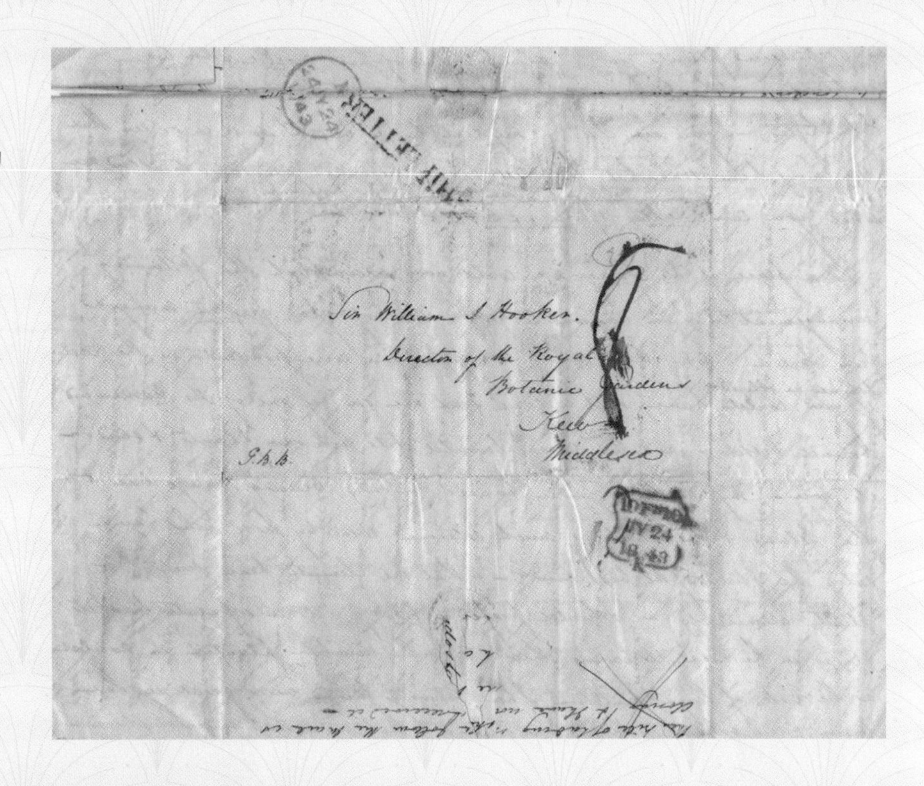
Sir William J Hooker.
Director of the Royal
Botanic Gardens
Kew
Middlesex

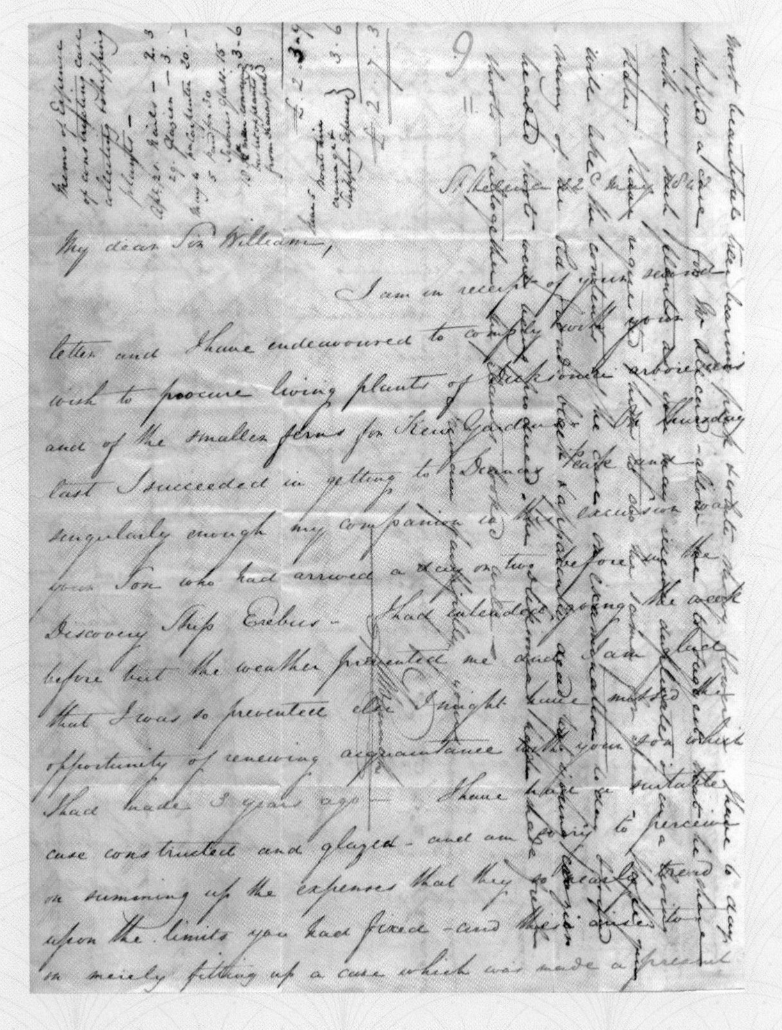
St Helena 22 May

My dear Sir William,

I am in receipt of your [illegible] letter and I have endeavoured to comply with your wish to procure living plants of [illegible] and of the smaller ferns for Kew Gardens. On Thursday last I succeeded in getting to Diana's Peak and singularly enough my companion in the excursion was your Son who had arrived a day or two before in the Discovery Ship Erebus - I had intended going the week before but the weather prevented me and I am glad that I was so prevented else I might have missed the opportunity of renewing acquaintance with your Son which I had made 3 years ago - I have had a suitable case constructed and glazed - and am sorry to perceive on summing up the expenses that they [illegible] upon the limits you had fixed - and [illegible] in merely fitting up a case which was made a present

1843 年 5 月 22 日，圣赫勒拿岛贝内特先生给英国皇家植物园园长威廉·杰克逊·胡克爵士的信。

贝内特给胡克写信，介绍了他最近成功登上戴安娜山峰后，采集和探索到的岛上植物的最新情况。他将各种植物运回邱园，其中就包括九种乌木。

39

槲寄生 / *Viscum album*

槲寄生与民间传说和文化不可分割地交织在一起。它是集爱和死亡于一身的矛盾综合体。作为一种寄生植物，宿主环境的迅速消失，会使它的生存受到威胁。槲寄生是令很多人会想起自己初吻的植物，但是，相当不浪漫的是，它是通过鸟粪进行传播的。

槲寄生是一种半寄生植物，从宿主植物的维管系统中吸取营养，但它能够进行光合作用。大量的槲寄生会致命地削弱老树，所以传统果园的管理中，要时不时进行寄生植物的修剪。槲寄生是常绿植物，从秋天到春天都长有特别黏糊的白色浆果（或者植物学上的正确术语叫核果）。

在大多数情况下，槲寄生的传播是通过鸟类将其浆果涂抹在树枝上进行的，或是其浆果毫发无损地在鸟类的消化道周游一圈之后被排泄出来而传播。槲寄生的幼苗在宿主枝条的树皮上发芽，当它生长时，下胚轴（胚胎茎）就会穿透树皮表面。槲寄生随着岁月增长会变得木质化，能够支配宿主树的树冠。

在挪威神话中，槲寄生扮演着邪恶的角色。爱神弗里格迫切想要确保她心爱的儿子巴尔德尔不受伤害，所以她要所有的生物作出保证，保证不会伤害他。所有的生物中，只有一种植物未作出保证，就是卑微的槲寄生。邪恶的火神洛基发现了这一疏漏，用槲寄生做了一支箭，送给了巴尔德尔失明的兄弟霍尔德。霍尔德在一次比赛中，无意中把箭射进了他兄弟的心脏，杀死了他。

从盎格鲁-撒克逊到希腊再到督伊德教，许多的民间传统文化中都能找到槲寄生的身影，它在这些文化中反复出现，都展示了爱、生育力与和平的主题。一些国家有在槲寄生下接吻的传统，槲寄生的常青生命力以及与繁殖力的联系支撑着

上图：
运送槲寄生过雪地的女士。韦尔科姆收藏馆收藏。

对页图：
槲寄生，科勒绘制，摘自《医用植物》，1887 年。

Tractatus

Ca.ccccxcv.

Virem Secundum serapionē libro aggregatoris cap̄. virem sunt species scꝫ. absi et indum q̄d appellat arabicum. 7 est rubei coloris. 7 est idē q̄d curcuma. Radix eius affert ex terris ī hyeme. 7 hꝫ grana sicut grana passule. 7 melius ex eo est rubeū hn̄s pauca grana. et aliud est q̄d adheret manui. 7 habet colorē viole. 7 exterius est rubeum. cuius toxicū multum. Et toxicum q̄dem est res pauca minuta mollis adherens manui qn̄ tangitur vagina eius. et ip̄m q̄dem linit super morpheam confert ei.

Operationes.

A Virtus virem est calida 7 sicca in principio tercij gradus quod si linit ad morpheam confert B Viriditas inuenta super aquam que arabice vocatur batalep. 7 in lingua hyspanica mulsas secundum Auerroim secundo Colliget. est calida 7 humida in secundo.

Ca.ccccxcvj.

Viscus latine 7 grece. Arabice. dabalch vel bele vel hisos. Serapiō li. aggre. ca. dabalch aucto. dyas. Dabalch. i. viscus. Melior ex eo est nouus qui similis est in colore suo colori porri. Exterius vo est subrufus sine asperitate 7 sine furfureitate. 7 fit ex fructu rotundo paruo qui nascit in arbore glandium. 7 folia eius sunt sicut folia arboris bussi. fructus q̄ iste cōtundit 7 abluit. deinde coquit in aq̄. Sunt autem quidam qui masticādo fructum ip̄m faciunt viscum. reperit etiā in arbore piroꝝ 7 maloꝝ. 7 in multis alijs arboribus. 7 aliqn̄ in radice arborum aliquarum puaꝝ. 7 latine vocatur hec plāta vissago. Ego aūt vidi in mōte Nabazat hōies qui faciunt ex arbore magna q̄ nascitur apō eos 7 apud ip̄os vocat tarabella. 7 latine vocat Caprifoliū. Accipiūt q̄dem ramos ipsius 7 excoriant eos facientes fasciculos. 7 infundunt in aq̄ et dimittunt sic aliquo ex mensibus. deinde ꝯtundunt ꝯtusione forti. 7 fit inde viscus bon⁹ Et virtus eius est similis qui subtiliat attrahit 7 dissoluit. q2 habet vtutem resolutiuam. Dias. cap̄. viscus f'm translatōem nostram. Viscus in ramulis nascēs a quodam animali volatili. scꝫ turdella viscat. Nam illud si morat in ramulis arborum glutinat 7 inde nascunt vgule plurime. 7 fit viscus q̄ sp viridis inuenit. Est āt optimus qui in arbore quercus crescit. et q̄ est mundus subuiridis. 7 si extendat non corrumpit sed vt membrana extenuat.

Operationes.

A Gal. vj. sim. far. ca. de visco. Sba visci est ꝯposita ex aquosa substātia 7 aerea 7 de his ambab⁹ est ī eo multū. 7 ex terrea pauca. 7 in sapore eius est acuitas plusq̄ amaritudo. B Et vtus eius est q̄ calefacit nō tn̄ cito qn̄ a ꝯponit corpi. sꝫ post q̄ facit morā in corpe sicut facit tapsia. et nos quidē dixim⁹ in his q̄ p̄cesserūt. q̄ hec res iuenit in medicinis quaꝝ vtus est que calefacit cū q̄ꝝ calefactōe est hūiditas su

槲寄生雕刻，摘自《健康花园》，1511年。

《健康花园》是16世纪的一部自然史百科全书，其中也包括了神话中的生物。

它的浪漫情怀。

一颗浆果通过鸟类的消化系统，在树枝上找到一个适宜繁殖的地方发芽，这毫不奇怪，也是一件碰运气的事情。即使是英国皇家植物园邱园也一直在努力有意地培育槲寄生，科学家在园子里苹果属树木的枝条上进行了搓种试验，结果发现槲寄生也只是偶尔会发芽。凉爽潮湿的气候对植物的生长至关重要，幼苗非常容易受到干旱的影响。

槲寄生宿生在欧洲温带落叶乔木上，包括酸橙、柳树、杨树和苹果，它们是最常见的寄主。英国的古老果园与槲寄生有着千丝万缕的联系：枝干粗糙、凹凸不平、多节的苹果树枝上，寄生的祖母绿球形植物缀满了枝丫，树枝之上铺满了槲寄生开的花。

低强度土地管理的传统果园数量正在急剧下降，自 20 世纪 50 年代以来，英国 90% 的传统果园消失了。土地使用和房地产开发的变化导致了这一局面，其结果是，美丽、生物多样性和多产的景观遭到破坏。

槲寄生依赖于逐渐衰落的古老果园，这意味着它也正在从英国传统的心脏地带——赫里福德郡、萨默塞特郡、伍斯特郡和格洛斯特郡等地逐渐消失。

支持果园项目等保护组织，或直接从种植者手中购买传统苹果品种，都有助于保护槲寄生这种珍贵、神秘的植物以及它的栖息地。

右图：
澳大利亚檀香木、槲寄生和鸸鹋、鹪鹩，西澳大利亚，玛丽安娜·诺斯绘制，1880 年。

a
o
b
b
c
Generic Character.
1
Jointed
Thread-wort.
b
a
a
b
2
Downy
Thread-wort.

40

姆兰杰南非柏 / *Widdringtonia whytei*

作为四种松柏属植物中的一种，非洲柏松属是濒危植物中的珍稀物种，只在非洲南部发现有其分布，它的稀有源于其精确的栽培要求。这一属物种以其气味芳香、木纹细腻和能抗白蚁而闻名，而它们具备的这些价值导致其在野外急速减少。尽管采取了多种协调保护措施，姆兰杰南非柏的减少仍令人不安，这一物种正滑向极度濒危之境。

非洲柏松属植物，尤其是南非柏，令树木品种的收藏宏大壮观，成熟的柏松标本让人联想到黎巴嫩雪松，尽管它有着更柔软、柏树般的叶子。柏松属植物标本能够在英国的环境条件下培育成活被认为是园艺技术的胜利：所有物种的耐寒达到其临界极限，大都会被严霜冻死。受到海湾暖流缓和影响、有遮蔽的花园和植物园，尤其是康沃尔和爱尔兰，是栽培非洲柏松属植物的最佳地点。

姆兰杰南非柏面临的困境意味着植物园、树木园和苗圃可能是唯一能够一睹这种美丽、珍贵之树的地方。它们的分布极其有限，唯一的野生栖息地在马拉维的姆兰杰山，南部非洲最高的山峰。这种树生活在海拔 1800 到 2500 米的地方，喜欢浅层酸性土壤，由于其分布范围极小，天生容易受到土地用途变化的影响。虽然适应了自然的丛林火灾，维持从森林到草原的演替，姆兰杰南非柏再生的速度依然很慢。有一些耐火的树，会在烧焦的树干上重新发芽，但这种树却依靠从烧焦的灌木丛中长出的幼苗进行再生。

对页图：

姆兰杰非洲柏松，约翰·希尔（John Hill）绘制，《植物系统》，1714—1775 年。

上图：

1981 年由 J. D. 查普曼和 I. H. 帕特尔在马拉维收集的姆兰杰南非柏的植物标本，保存在英国皇家植物园邱园。

2
5
4
3
1

作为马拉维的国树，这种树木在国民心中的地位无可替代。1927 年马拉维宣布成立了第一个姆兰杰南非柏的保护区，砍伐必须严格遵守许可制。伐木是获取木材的唯一途径，这些木材非常适合建造船只、房屋、家具和手杖，经济发展的需要渐渐打破了法律和保护区设立的界线。一千多年前姆兰杰南非柏种群的数量便已逐年减少，其减少的数量在过去十年中更是急剧加速。姆兰杰南非柏曾经有超过 600 平方千米的分布面积，现在减少到只有 16 平方千米，在《世界自然保护联盟（IUCN）濒危物种红色名录》中被列为“极度濒危”物种。同样令人绝望的是现存树木的存活能力。没有成熟的繁殖个体留下，加上再生的能力有限，剩余的树木几乎发挥不了什么作用。外来蚜虫的攻击、蕨类植物的入侵、森林野火的肆虐，这个被削弱的植物种群几乎无法从进一步的威胁中恢复，这一国家的象征正在迅速消失。姆兰杰南非柏能得到拯救吗？

决心拯救这一树种的行动已然展开，人们正试图把这一想法变为现实。国际植物园保护组织（BGCI）提供全球范围的协调和专门的技术，以完成其阻止物种灭绝的使命。他们与马拉维保护联盟和林业委员会合作，正在培育上千棵姆兰杰南非柏的幼苗。首先要实现确保原生地的姆兰杰南非柏不会灭绝，然后更大的目标是适应这种树所带动的经济发展。商业化的姆兰杰南非柏地块，可开发其更广泛的商业用途（包括该树种精油的药效），这些用途可以从野生物种身上转变到受控的人工种植物种身上实现。

重新引入姆兰杰南非柏有一种浪漫的吸引力，但只有通过对当地经济的巨大转变和对无数威胁物种的协同抑制才能实现。一种让人宁愿违法也要去砍伐的树，仅靠立法和设立保护区是无法保护它的。

对页图：
姆兰杰南非柏的原画插图，由奥利芙 · H. 科茨 · 帕尔格雷夫为《中非树木》绘制，1957 年。

上图：
L. J. 布拉斯于 1946 年在马拉维收集的姆兰杰南非柏植物标本，展示在英国皇家植物园邱园。

a
g
f
c
b
l
k
i
h
e
d
Brunia nodiflora

对页图：
南非柏，约翰·克里斯托弗·温兰德，《植物收集：外国和本土植物的图集》，1805—1819 年。

ICONES CENTURIÆ PRIMÆ. 10

CUPRESSOPINULUS
CAPITIS BONÆ SPEI.
*

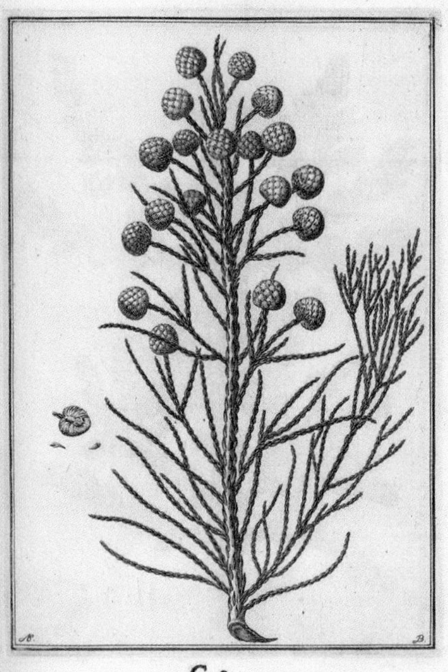

C 2

右图：
扉页和详细介绍南非柏树的书页，雅各布·布里恩，《外来植物和其他鲜为人知的植物》，1678 年。

22 JACOBI BREYNII PLANTAR.

ſimiles, ſtaminulis pallidis conſtantes, erumpunt. His deciduis Globus ille, in *Conum* fuſcum, uncialem & majorem ſquamis in extremitate ſuâ albidis & lanuginoſis, evadit.

Repéritur quoq; Fruticis hujus coniferi ſpecies major, Foliis majoribus, cujus Fructus in icone ſeorſim ſculptus. De quâ mihi Anno M. DC. LXIV. ramus ſiccus à *Domino Doctore Huyberto*, & Anno M. DC. LXX. alius à *Domino Doctore Matthæo Slado* communicatus.

ILLUSTRISSIMUS etiam DOMINUS à BEVERNINGK antè tredecim annos ramo ex Africâ, mediam inter hunc & illum deſcriptum faciem obtinente potitus: qui mihi, niſi varietas ſubſit ratione loci, Naturæ luſus videtur.

CUPRESSO-PINULUS
CAPITIS BONÆ SPEI.

Cap. X.

CUpreſſo-pinulum Arborem quandam voco Africanam, ſemper virentem, & ut mihi relatum pumilam. De quâ *Rami* aliquot perelegantes ILLUSTRISSIMO DOMINO à BEVERNINGK Anno M. DC. LXIII. ex Africâ miſſi, ob raritatem & peregrinam formā, Botanicis omnibus, quibus viſi, curioſis, gratiſſimi. Qui *Virgæ* ſunt, pedales circiter, rotundæ, pennæ craſſitiem ſcriptoriæ penè attingentes; ligno ſubalbido; cortice rufeſcente ex cinereo

EXOTICAR. CENTURIA I. 23

nereo tectæ, *foliolisque* anguſtiſſimis, triangularibus ac mucronatis, Cupreſſi inſtar ramulorum, ſquamatæ. His verò Virgis, ramuli undique, duas tresve uncias longi, graciles valdeque flexibiles adnati; qui *foliolis* Ericæ vulgaris perſimilibus, decuſſatim poſitis, densè veſtiuntur. Quilibet ramulorum ſuperiorum, *Strobilo* (modò uno, modò pluribus) exiguo, orbiculari, lanuginoſo & albo, juxta ramulum planiuſculo foliolisq; firmiter adhærentibus ſubtiliſſimè ſcandulato, onuſtus; formâ & magnitudine Fragorum, ſquamulis autem innumeris, intùs villoſis ac argenteo nitore ſplendentibus, in anteriore parte foliolum viride monſtrantibus, arctiſſimè compacto: cujus ſquamæ, ut autumo, proceſſu temporis dilatantur. Lignum & cortex rami mei ſaporem ſalſum (ex aquæ marinæ fortaſſis aſperſione) & nonnihil adſtringentem; ſed foliola cum ramulis ingratum, ſubaſtringentem, cum tantillo amarore præbent.

CHAMÆLARIX, SIVE
CHENOPODA MONO-MOTAPENSIS.

Cap. XI.

ALunt etiam juxta Bonæ Spei Promontorium deſerta *Fruticem echinatum* quendam, frequentiſſimis ramis undique piloſis divaricatum: qui per interſtitia brevia, invicem ambiuntur, à viridibus, Laricis in modum in acervos

术语表

Abiotic 非生物的，无生命的——非生物环境因素包括气候和土壤条件

Alkaloid 生物碱——一种从植物中提取的化学物质，通常是苦的或有毒的，有一系列的药用用途

Allelopathy 化感作用——某些植物通过分泌化学物质和物理排斥来抑制竞争

Anthropocene 人类世——人类对气候和全球物种形成的影响比其他任何时期都要大的时代

Aphid 蚜虫——一种吸吮汁液的农业和园艺害虫

Archipelago 群岛——一个确定的地理区域内的、通常在一个国家控制下的一组岛屿

Atropine 阿托品——从植物中提取的、具有广泛医疗应用的一种化学物质

Biodiversity 生物多样性——地球上物种的多样性和丰富度

Bioprospecting 生物勘探——在植物中寻找有价值的产品，用于医药、纤维、燃料和其他商业应用

Carnivorous plants 食肉植物——部分或完全依赖动物提供营养物质的植物

Coniferous 针叶植物——有针状树叶与裸子种子的锥形树。大部分针叶植物都是常青树

Conservation 生态保护——减少对濒危物种的威胁的科学

Cultivars 栽培品种——培养出的新物种

Desiccation 干燥——对种子进行干燥处理以备在种子库中冰冻休眠

Dieback 顶枯病——植物生长中部分死亡，枯梢病的一种症状

Dioecious 雌雄异体——有雌雄两种性别的植物物种

Distribution 分布——植物自然生长发展出的野生栖息地

DNA sequencing DNA 测序——检测一种植物的独特基因密码与研究它和其他物种之间关系的方法

Dormancy 休眠状态——种子可以保存更长时间的状态。休眠期，种子不消耗淀粉

Ecological Horticulture 生态园艺学——采用保护生态的原则来建立并保持一个有序的植物生态圈

Elaiosome 油质体——富有油脂的种子结构

Endemic/Endemism 某地特产的植物——只在特定的某个地方生长的物种

Epicormic growth 伏芽枝——从树皮上休眠的芽苞中生长出的嫩枝

Ethnobotany 人类植物学——研究人与植物之间关系的学科

Ex-situ conservation 迁地保护——对迁出其原生栖息地的物种的保护

Fronds 蕨叶——蕨类植物的光合作用器官，相当于较高植物的茎叶

Genus 属——在科和种之间的分类学单位

Germination 发芽——幼苗从种子中开始抽芽的时间点

Gigantism 巨大化——植物或者动物由于特定生物和非生物的因素而生长到异常巨大的尺寸

Habitat 栖息地——在界限分明的特定空间内，长期支撑生物生存的生物与非生物环境集合

Hapaxanth 单次开花的——生命周期内只开一次花、传一次种就消亡的植物

Hemi-parasites 半寄生物——依赖宿主获得重要生存资源或功能的物种，但不是完全依赖或削弱它

Herbicide 除草剂——杀死植物的化学合成物

Horticulturist 园艺学家——专业的园艺工作者

Hybrid 杂交的——两种不同种类植物交配

Hybridization 杂化——创造杂交品种的过程。可以通过野外自然发生或人工培育实现。

Inflorescence 花簇——稠密的花朵

In-situ conservation 原地保护——对在其栖息地里的生物物种进行保护

Indigenous species 本土物种——自然生长在某地区的植物或动物

Invasive species 入侵物种——非本地区自然生长的物种，其生长没有生物或非生物的限制，能够在与本地品种生物的竞争中胜出

IUCN ——世界自然保护联盟

Lignin 木质素——在树木与灌木中发现的坚硬的木质组织

Monocotyledon 单子叶植物——有单一的种子叶和平行叶脉的植物群，其中包括草坪、棕榈树和兰科植物

Monoculture 单一栽培——大范围地只种植同一种作物

Morphology 形态学——植物的外观、形态

Mucilage 黏质——植物产生的黏液状物质

Nomenclature（尤指某学科的）命名法——命名

Orthodox seeds 正统种子——使用传统干燥、冷冻方式存储的种子

Parasites 寄生生物——一种通过宿主获得生存所需的全部或部分营养物质的生命形式，通常对宿主造成伤害

Photosynthesis 光合作用——植物用太阳光和二氧化碳制造糖分的生化过程，随后被转换为能量

Phylogenetic tree 系统发育树——展示不同物种之间在进化演变中的关系的图解。系统学可以鉴定不同物种之间存在的同一祖先，以及它们何时产生差异

Phytochemical 植化素——植物的化学合成物

Pollinator 传粉者——将植物花粉从某一植物传播到另一植物的昆虫或动物，通常在它们寻找花蜜时不经意地发生

Population 生物数量——某一物种生态学上的功能群体在特定地理区间的生存数量

Proboscis 喙——昆虫的吮吸口器，通常为适应食用特定植物的花蜜

Progeny 幼苗——后代

Propagation 繁殖——植物通过种子或其他方法（插条、堆层、嫁接）繁衍或自我复制

Raceme 总状花序——花序的一种， 相同间隔排列的花朵生长在长短相等的花柄上

Re-wilding 再野生化——为保护自然，转变紧张的人类土地使用状态而进行的迁移

Recalcitrant 顽拗物——在脱水、冷冻和到期的条件下也不休眠的种子。与正常种子相反，种子存储面临的难题

Regeneration 再生——植物的自我修复能力，通常与焚烧恢复联系起来

Remote sensing 遥感——一种使用卫星与无人机来大范围绘制植物地图的技术，同时监测一系列影响因素，例如植物健康状况以及植被覆盖率

Resin 树脂——一种植物产生的黏稠液体，常被用来应对外来伤害

Rhizoids 假根——类似蕨类、苔藓植物等低矮植物的等同于根部组织的结构

Seed distribution 种子分配——植物将种子远离自身的方法，以确保后代不与自己争夺生存资源

Seedling 结籽——植物发芽的突出生长的形式

Species 种——分类等级，在属之下，亚种之上

Spores 孢子—— 蕨类植物和真菌繁殖结构

Stem succulence 茎肉质——植物适应干旱环境，在植物组织中储存水分的特性

Stewardship 管理——非掠夺性或对生物多样性不利的人类土地使用

Taxonomy 分类学——给生物命名、定义生物之间关系的科学

除非另有说明，本书所有插图的版权归皇家植物园邱园董事会所有。出版方要特别感谢以下插图的提供方，感谢他们允许我们复制这些图片用于本书，包括：第 129 页的插图和第 130 页左图，克里斯塔贝尔 · 金；第 32 页上部的插图，荷兰国家博物馆；第 187 页插图，露西 · 史密斯；第 139 页插图，露西 · 史密斯，食肉植物协会版权所有；第 184 页和 186 页插图，露西 · 史密斯，爱德华 · 特韦迪版权所有；第 151 页插图，古斯塔夫 · 苏洛；第 39 页插图、第 151 页上部插图、第 154 页插图、第 171 页右图，第 198 页插图，韦尔科姆收藏馆。

作者简介

艾德·伊金，英国皇家植物园邱园和韦园的副园长，曾任尼曼斯植物园的首席园艺师，伦敦公园和植物园的园长，花园信托基金、国家信托基金现代大厅和雷纳姆大厅公园的总经理。著有《深思熟虑的园艺》（Thoughtful Gardening）和《花园朋友》（Garden Friends）。

译者简介

李红侠，九三学社社员，江苏省翻译协会会员，南京翻译家协会会员，译林出版社外文图书引进审读专家组成员，南京师范大学外国语学院副研究员，南京师范大学诺贝尔文学图书馆副馆长，江苏国际法治动态研究中心研究员，长三角基础外语教育研究中心研究员，南京市人民政府首批禁化武组织专家组成员，《世界书画家报》顾问，南京超艺映象文化传媒顾问，江苏省疾控中心苏康码外文版参与者，翻译作品百万余字。出版译著《美丽之谜》、《致命的不在场证明》、“我的宠物宝贝”丛书等。